MILITARY AFFAIRS

无声的战场 电子战

>>> ZOUJIN JUNSHI SHIJIE CONGSHU <<<

本书编写组 ◎编

世界图书出版公司
广州·上海·西安·北京

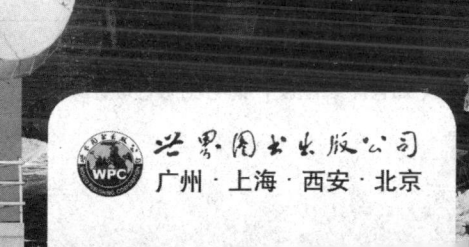

图书在版编目（CIP）数据

无声的战场：电子战 /《无声的战场：电子战》
编写组编.—广州：广东世界图书出版公司，2010.4（2021.5重印）
ISBN 978-7-5100-2048-3

Ⅰ.①无… Ⅱ.①无… Ⅲ.①电子战-青少年读物
Ⅳ.①E919-49

中国版本图书馆 CIP 数据核字（2010）第 050072 号

书　　名	无声的战场：电子战
	WUSHENG DE ZHANCHANG DIANZIZHAN
编　　者	《无声的战场：电子战》编写组
责任编辑	刘国栋
装帧设计	三棵树设计工作组
责任技编	刘上锦　余坤泽
出版发行	世界图书出版有限公司　世界图书出版广东有限公司
地　　址	广州市海珠区新港西路大江冲 25 号
邮　　编	510300
电　　话	020-84451969　84453623
网　　址	http://www.gdst.com.cn
邮　　箱	wpc_gdst@163.com
经　　销	新华书店
印　　刷	唐山富达印务有限公司
开　　本	787mm×1092mm　1/16
印　　张	13
字　　数	160 千字
版　　次	2010 年 4 月第 1 版　2021 年 5 月第 9 次印刷
国际书号	ISBN 978-7-5100-2048-3
定　　价	38.80 元

版权所有　翻印必究

（如有印装错误，请与出版社联系）

前　言

当今，世界军事正处在信息时代，以信息化取代机械化为标志的新一轮军事变革已在世界展开，而战争形态必将发生前所未有的深刻变化。诞生于工业时代的电子对抗，在信息时代得到了拓展和升华，成为现代条件下信息战的重要支柱和无形利剑！

如今，电子战已经成为战争制胜的第一利器、国际斗争的有效暗器。未来，毫无疑问，电子战在战争的舞台上将扮演越来越重要的角色。

未来的战争，仅仅夺取制海权、制空权是远远不够的。电子对抗拉开了现代局部战争的序幕并将贯穿战争的始终，形成了信息化战场上以夺取制电磁权进而夺取制信息权为目的的"无线战线"，并深刻地影响着以火力战为主的"有形战线"的作战效能。本书会带领大家一起走进电子战的军事世界。

首先我们要初识电子战。什么样的战争才叫做"电子对抗"呢？

在认识电子战之前，我们去"霸王行动"——史称诺曼底登陆大战中去搜寻一些有关电子战的气息，看看英国是怎样运用电子手段"巧施妙法避敌之长攻敌之短"，让德军防御体系变成"植物人"。我们可以透过海湾战争、伊拉克战争和科索沃战争去了解高新技术条件下电子战的无敌力量，这些现代条件下高科技战争中种类齐全的电子战飞机和机载电子战装备，还有那电子战运用及战术，让我们明白了电子战的最新信息。通过对电子战的发展简史和特征的了解，我们对电子战也真正掌握了其来龙去脉。

电子战包括雷达对抗、无线电通讯对抗和光电对抗等。接下来，我们分章介绍这些先进的战争对抗。

雷达被誉为"千里眼"，在军事上用途相当广泛，所以雷达对抗也是十分激烈。本书详细介绍了有关雷达侦察和雷达干扰及其设备，还有雷达的"克星"——反辐射导弹以及雷达的"保护神"——反辐射对抗技术与摧毁战术。

无线电通讯对抗也是战争对抗的重点。电子战的第一战就是以无线电通讯对抗打响的。本书对无线电通信对抗的通信侦察、通信干扰和反干扰做了相关介绍，让我们了解了无线电通信对抗在现代战争对抗中起着的不可替代的地位。

在信息时代战争中占有极其重要的地位的光电对抗，是现代军事发展中各国普遍关注和研究的重点。光电对抗包括光电对抗侦察、光电干扰和光电电子防御三个基本内容。本书针对这三个内容展开了丰富和详尽的讲解。

作为现代战争的作战工具——电子对抗装备，可以说是未来电子对抗最不可或缺的，因为它们是电子战的武器。各国都把电子对抗装备作为衡量一个国家军事实力的重要标准之一。从"空中麻醉师"——电子战飞机，讲到对抗军用卫星，再从新概念武器——高功率微波武器，说到神奇的敌我识别装备，还有那些全新的电子战装备登上战争舞台。各种先进的电子对抗装备，让我们体会到了军事科技正以超乎想象的速度发展。

那么，未来的电子战是怎样的？书的最后为大家介绍了未来电子对抗的趋势。未来的对抗部队和电子战武器装备方兴未艾，以及太空电子对抗的兴起，新世纪的网电一体战也是军事科技发展的必然趋势。

本书内容新颖、深入浅出、可读性强。但是由于编者能力所限，本书在章节安排和内容取舍以及文字表述等方面可能会有不妥甚至错误之处，望请大家批评与指正。

目录
Contents

无形的利剑——电子战
电信时代的序幕——电报的发明 ... 1
人类通信新阶段——电话的发明 ... 3
电子战产生的条件——无线电通信 ... 4
无声、无形的战场 ... 6
一场规模宏大的电子战 ... 13
透过海湾战争看电子战 ... 15
电子战发展简史 ... 24
电子战的特征 ... 26
军事科技的高峰——电子对抗技术 ... 29

"千里眼"的较量——雷达对抗
障"眼"斗法——雷达对抗 ... 36
雷达对抗基础——雷达对抗侦察设备 ... 39
对抗中的诱骗——雷达干扰 ... 41
反雷达对抗侦察与反雷达干扰 ... 45

雷达的"克星" ... 47
雷达"保护神"——反辐射对抗技术与摧毁战术 ... 57

"顺风耳"的时代——通信对抗
从电子战的第一战说起 ... 64
发生在科索沃的通信对抗 ... 67
浅谈通信对抗 ... 69
"电子耳目"——无线电通信侦察 ... 74
军事上的隐秘杀手——无线电通信干扰 ... 76
无线电通信反侦察 ... 80

逐鹿光电对抗战场
光电对抗及其发展 ... 83
"电子眼"——光电对抗侦察 ... 87
各具特色的光电干扰 ... 88
强有力的"保护"——光电子防御 ... 92
光电子技术将大显身手 ... 93
新兴的光电技术——军用激光

技术 …………………… 98

细数电子战装备
　　电子对抗装备的发展 …… 103
　　现代战争的"新宠" …… 105
　　"空中麻醉师"——电子战
　　　　飞机 …………………… 112
　　天上的"千里眼"
　　　　——预警机 …………… 118
　　电子战斗机的佼佼者
　　　　——EA-18G ………… 128
　　军用卫星家族 …………… 134
　　新概念武器——高功率微波
　　　　武器 …………………… 137
　　神奇的敌我识别装备 …… 143

　　全新电子战装备登上战争
　　　　舞台 …………………… 146
　　形形色色的激光武器 …… 150
　　展望——电子战装备技术的
　　　　发展 …………………… 162

未来的电子战
　　新兵种——电子对抗部队 … 167
　　电子战武器装备最新成果 … 173
　　未来电子战的"小精灵"
　　　　——纳米武器 ………… 179
　　空天防御体系面临新挑战 … 185
　　太空电子对抗谁主沉浮 … 190
　　电磁对抗与数据对抗 …… 194
　　网电一体战 ……………… 198

无形的利剑——电子战

电信时代的序幕——电报的发明

电报的发明，拉开了电信时代的序幕，开创了人类利用电来传递信息的历史。从此，信息传递的速度大大加快了。"嘀—嗒"一响（1秒钟），电报便可以载着人们所要传送的信息绕地球走上7圈半。这种速度是以往任何一种通信工具所望尘莫及的。说到这里，还有一个故事必须提到，1912年"泰坦尼克"号撞到冰山后，发出电报"SOS，速来，我们撞上了冰山。"几英里之外的"加利福尼亚"号客轮本应能够救起数百条生命，但是这条船上的报务员不值班，因此没有收到这条信息。从此以后，所有的轮船都开始了全天候的无线电信号监听。

人类历史上最早的通信手段和现在一样是"无线"的，如利用以火光传递信息的烽火台，通常大家认为这是最早传递消息的方式了。

事实上不是，在我国和非洲古代，击鼓传信是最早最方便的办法，非洲人用圆木特制的大鼓可传声至三四千米远，再通过"鼓声接力"和专门的"击鼓语言"，可在很短的时间内把消息准确地传到50千米以外的另一个部落。

其实，不论是击鼓、烽火、旗语（通过各色旗子的舞动）还是今天的移动通信，要实现消息的远距离传送，都需要中继站的层层传递，消息才能到达目的地。不过，由于那时人类还没有发现电，所以要想畅通快速地实现远距离传递消息只有等待了……

人类通信史上革命性变化，是从把电作为信息载体后发生的。1753年2月17日，在《苏格兰人》杂志上发表了一封署名C·M的书信。在这封信中，作者提出了用电流进行通信的大胆设想。虽然在当时还不十分成熟，而且缺乏应用推广的经济环境，却使人们看到了电信时代的一缕曙光。

1793年，法国查佩兄弟俩在巴黎和里尔之间架设了一条230千米长的接力方式传送信息的托架式线路。据说两兄弟是第一个使用"电报"这个词的人。

1832年，俄国外交家希林在当时著名物理学家奥斯特电磁感应理论的启发下，制作出了用电流计指针偏转来接收信息的电报机；1837年6月，英国青年库克获得了第一个电报发明专利权。他制作的电报机首先在铁路上获得应用。不过，这种方式很不方便和实用，无法投入真正的实用阶段。

历史到了这关键的时候，仿佛停顿了下来，还得等待一个画家来解决。美国画家莫尔斯在1832年旅欧学习途中，开始对这种新生的技术发生了兴趣，经过3年的钻研之后，在1835年，第一台电报机问世。

但如何把电报和人类的语言连接起来，是摆在莫尔斯面前的一大难题，在一丝灵感来临的瞬间，他在笔记本上记下这样一段话："电流是神速的，如果它能够不停顿走十英里，我就让他走遍全世界。电流只要停止片刻，就会出现火花，火花是一种符号，没有火花是另一种符号，没有火花的时间长又是一种符号。这里有三种符号可组合起来，代表数字和字母。它们可以构成字母，文字就可以通过导线传送了。这样，能够把消息传到远处的崭新工具就可以实现了！"

随着这种伟大思想的成熟，莫尔斯成功地用电流的"通"、"断"和"长断"来代替了人类的文字进行传送，这就是鼎鼎大名的莫尔斯电码。1843年，莫尔斯获得了3万美元的资助，他用这笔款修建成了从华盛顿到巴尔的摩的电报线路，全长64.4千米。1844年5月24日，在座无虚席的国会大厦里，莫尔斯用他那激动得有些颤抖的双手，操纵着他倾十余年心血研制成功的电报机，向巴尔的摩发出了人类历史上的第一份电报："上帝创造了何等奇迹！"电报的发明，拉开了电信时代的序幕，开创了人类利用电来传递信息的历史。从此，信息传递的速度大大加快了。

人类通信新阶段——电话的发明

电报传送的是符号。发送一份电报，得先将报文译成电码，再用电报机发送出去；在收报一方，要经过相反的过程，即将收到的电码译成报文，然后，送到收报人的手里。这不仅手续麻烦，而且也不能进行及时双向信息交流。因此，人们开始探索一种能直接传送人类声音的通信方式，这就是现在无人不晓的"电话"。

1875年6月2日，被人们作为发明电话的伟大日子而加以纪念，而美国波士顿法院路109号也因此载入史册，至今它的门口仍钉着块铜牌，上面镌有："1875年6月2日电话诞生在此。"

电话传入我国，是在1881年，英籍电气技师皮晓浦在上海十六铺沿街架起一对露天电话，付36文制钱可通话一次，这是中国的第一部电话。1882年2月，丹麦大北电报公司在上海外滩扬于天路办起我国第一个电话局，用户25家。1889年，安徽省安庆州候补知州彭名保，自行设计了一部电话，包括自制的五六十种大小零件，成为我国第一部自行设计制造的电话。

欧洲对于远距离传送声音的研究始于18世纪，在1796年，休斯提出了用话筒接力传送语音信息的办法。虽然这种方法不太切合实际，但他赐给这种通信方式一个名字——Telephone（电话），一直沿用至今。

1861年，德国一名教师发明了最原始的电话机，利用声波原理可在短距离互相通话，但无法投入真正的使用。如何把电流和声波联系在一起而实现远距离通话？

亚历山大·贝尔是注定要完成这个历史任务的人，他系统地学习了人的语音、发声机理和声波振动原理，在为聋哑人设计助听器的过程中，他发现电流导通和停止的瞬间，螺旋线圈发出了噪声，就这一发现使贝尔突发奇想——"用电流的强弱来模拟声音大小的变化，从而用电流传送声音。"图 贝尔实验电话的现场从这时开始，贝尔和他的助手沃森特就开始了设计电话的艰辛历程，1875年6月2日，贝尔和沃森特正在进行模型的最后设计和改进，最后测试的时刻到了，沃森特在紧闭了门窗的另一房间把耳朵贴在音箱上准备接听，贝尔在最后操作时不小心把硫酸溅到自己的腿上，他疼痛地叫了起来："沃森特先生，快来帮我啊！"没有想到，这句话通过他实验中的电话传到了在另一个房间工作的沃森特先生的耳朵里。这句极普通的话，也就成为人类第一句通过电话传送的话音而记入史册。

1876年3月7日，贝尔获得发明电话专利。1877年，也就是贝尔发明电话后的第二年，在波士顿和纽约架设的第一条电话线路开通了，两地相距300千米。也就在这一年，有人第一次用电话给《波士顿环球报》发送了新闻消息，从此开始了公众使用电话的时代。

今天，世界上大约有7.5亿电话用户，其中还包括1070万因特网用户分享着这个网络。写信进入了一个令人惊讶的复苏阶段，不过，这些信件也是通过这根细细的电话线来传送的。

电子战产生的条件——无线电通信

电磁波的发现

自从贝尔发明了电话机，人人都能手拿一个"话柄"，和远方的亲朋好友谈天说地了。电报和电话的相继发明，使人类获得了远距离传送信息的重要手段。但是，电信号都是通过金属线传送的。线路架设到的地方，信息才能传到，这就大大限制了信息的传播范围，特别是在大海、高山等地区，有没有能让信息无线传播的办法？

1820年，丹麦物理学家奥斯特发现，当金属导线中有电流通过时，放在它附近的磁针便会发生偏转。接着，学徒出身的英国物理学家法拉第明确指出，奥斯特的实验证明了"电能生磁"。他还通过艰苦的实验，发现了导线在磁场中运动时会有电流产生的现象，此即所谓的"电磁感应"现象。

著名的科学家麦克斯韦认为，在变化的磁场周围会产生变化的电场，在变化的电场周围又将产生变化的磁场，如此一层层地像水波一样推开去，便可把交替的电磁场传得很远。1864年，麦氏发表了电磁场理论，成为人类历史上预言电磁波存在的第一人。

那么，又有谁来证实电磁波的存在呢？此人便是亨利希·鲁道夫·赫兹。1887年的一天，赫兹在一间暗室里做实验。他在两个相隔很近的金属小球上加上高电压，随之便产生一阵阵噼噼啪啪的火花放电。这时，在他身后放着一个没有封口的圆环。当赫兹把圆环的开口处调小到一定程度时，便看到有火花越过缝隙。

通过这个实验，他得出了电磁能量可以越过空间进行传播的结论。赫兹的发现公布之后，轰动了全世界的科学界，1887年这成为了近代科学技术史的一座里程碑，为了纪念这位杰出的科学家，电磁波的单位便命名为"赫兹（Hz）"。

赫兹的发现具有划时代的意义，它不但证明了麦克斯韦理论的正确，更重要的是导致了无线电的诞生，开辟了电子技术的新纪元，标志着从"有线电通信"向"无线电通信"的转折点。也是整个移动

电磁波的发现者——赫兹

通信的发源点，应该说，从这时开始，人类开始进入了无线通信的新领域。

无线电通信的发明

人类历史上第一次无线电广播是由美国物理学家费森登主持和组织的。

这套广播设备是由费森登花了4年的时间设计出来的，包括特殊的高频交流无线电发射机和能调制电波振幅的系统，从这时开始，电波就能载着声音开始展翅飞翔了。

1906年12月24日圣诞节前夕，晚上8点左右，在美国新英格兰海岸附近穿梭往来的船只上，一些听惯了"嘀嘀嗒嗒"莫尔斯电码声的报务员们，忽然听到耳机中传来有人正在朗读圣经的故事，有人拉着小提琴，还

伴奏有亨德尔的《舒缓曲》，报务员们怔住了，他们大声地叫喊着同伴的名字，纷纷把耳机传递给同伴听，果然，大家都清晰地听到说话声和乐曲声，最后还听到亲切的祝福声，几分钟后，耳机中又传出那听惯了的电码声。

在这之前，也有无数人在无线电研究上取得了成果，其中最出名的就是无线电广播之父——美国人巴纳特·史特波斐德。他于 1886 年便开始研究，经过十几年不懈努力而取得了成功。在 1902 年，他在肯塔基州穆雷市进行了第一次无线电广播。他们在穆雷广场放好话筒，由巴纳特·史特波斐德的儿子在话筒前说话、吹奏口琴，他在附近的树林里放置了 5 台矿石收音机，均能清晰地听到说话和口琴声，试验获得了成功。之后又在费城进行了广播，并获得了专利权。现在，州立穆雷大学仍树有"无线电广播之父——巴纳特·史特波斐德"的纪念碑。

与此同时，无线电通信逐渐被用于战争。在第一次和第二次世界大战中，它都发挥了很大的威力，以致有人把第二次世界大战称之为"无线电战争"。1920 年，美国匹兹堡的 KDKA 电台进行了首次商业无线电广播。广播很快成为一种重要的信息媒体而受到各国的重视。

后来，无线电广播从"调幅"制发展到了"调频"制，到 20 世纪世纪 60 年代，又出现了更富有现场感的调频立体声广播。无线电频段有着十分丰富的资源。在第二次世界大战中，出现了一种把微波作为信息载体的微波通信。这种方式由于通信容量大，至今仍作为远距离通信的主力之一而受到重视。在通信卫星和广播卫星启用之前，它还担负着向远地传送电视节目的任务。

无声、无形的战场

电子战也称"电子对抗"。电子对抗是随着电子技术在军事上的应用而逐步发展起来的。第二次世界大战期间，雷达的广泛应用促进了电子对抗的发展。1943 年 6 月，英军在空袭德国汉堡的战斗中首次使用箔条干扰物。1944 年 6 月，英、美军队在法国诺曼底登陆战役中，综合运用了各种电子对抗手段，对顺利登陆起了重要作用。20 世纪 60 年代以来，电子对抗技术，特别是机载电子干扰系统，在对付高空侦察飞机和干扰防空导弹制导系统方面已成为有效的战争手段。

无形战场的对抗与搏杀

第一次世界大战中，在地中海游弋的英国"格罗斯特"号巡洋舰发现了两艘德国巡洋舰后，用无线电向海军军部报告，企图调集舰只予以消灭。德国巡洋舰侦听到"格罗斯特"与英海军军部之间的无线电通信联系后，立即实施无线电噪声干扰，破坏了英舰的监视和跟踪，安全逃到土耳其水域。这是战争史上首次成功地运用电磁波干扰敌方通信，以电子干扰代替枪炮作战的电子斗争。电子对抗在第一次世界大战枪炮声中宣告诞生。

无声的战场——电子战

电子对抗，是为削弱、破坏敌方电子设备（系统）的使用效能，保护己方电子设备（系统）正常发挥效能而采取的各种措施和行动的统称。电子对抗的主要内容包括电子对抗侦察、电子进攻和电子防御等。

引导导弹飞向目标雷达

电子对抗侦察，是电子对抗的基础，它为电子干扰和火力打击指示引导目标。

电子进攻主要有电子干扰和摧毁辐射源两种作战手段，它是电子对抗的"软杀伤"手段。根据干扰形成方法的不同又可分为有源干扰和无源干扰。摧毁辐射源，指专门对敌电磁辐射源进行物理破坏和摧毁的新型武器装备和手段。如反辐射导弹，它能够利用敌方雷达辐射的电磁波来发现、跟踪雷达，引导导弹飞向目标雷达，直至杀伤或摧毁之。它是电子对抗的"硬杀伤"手段。

电子防御，则是为防止己方电子设备辐射的电磁信号及其战术技术参数被敌方侦悉，消除或削弱敌方电子干扰对己方电子设备的有害影响，避免遭受反辐射武器破坏而采取的综合措施。

走向战争前台的电子对抗

电子对抗的产生和发展是电子信息技术逐步被用于军事斗争的必然结果。

公元1888年，德国科学家赫兹发现了电磁波。第一次世界大战爆发后，无线电的创始人马可尼便携带他发明的无线电报机应召到意大利军队服役，从此，人们就开始掌握并利用电磁波。

今天我们所熟悉的无线电通信、广播、电视、卫星遥感、遥测、遥控等都是电磁波在现实生活中的应用。我们把电磁波按波长划分为长波、中波、短波、超短波、微波、红外光波、可见光波、紫外光波等。在这些波段上，分别工作着通信系统、雷达系统、光电系统、武器控制与制导系统等，它们依托的都是电磁波，只不过具有不同的频率和波长。

进入新世纪，随着电子技术的飞速发展并广泛运用于军事领域，电子对抗已开始成为一种崭新的作战样式。

在作战地位上，电子对抗由作战保障手段上升为重要的作战手段。在打击目标上，电子对抗由最初干扰敌战术目标，逐渐成为破坏敌方战役目标的重要手段。在作战行动上，电子对抗由最初相当独立的战术行动，逐渐成为近年来世界局部战争中的战役作战行动。在作战力量构成上，电子对抗由最初的通信对抗、雷达对抗、光电对抗等单一作战力量，发展成为陆、海、空、天、电一体，软、硬兼施的多种力量结合的战役作战力量。在作战方法上，电子对抗由单个设备之间进行的单一对抗，发展为电子对抗系统和电子系统之间的系统对抗。

制胜法宝与无形利剑

"知彼知己，百战不殆。"无论和平时期、危机时期还是战争之时，电子情报侦察一刻也未停息。在空中、海上、陆上作战之前和作战进行过程中，实施强大的电子进攻，摧毁敌"大脑神经网络"系统，让对方有眼不能看，有耳不能听，有嘴无法交流信息，有脑无法思考更不能指挥四肢动作，这时他虽然"身体"依然健壮，但已经成为一个"植物人"。在海湾战争空袭行动开始的前5小时，多国部队从陆地、空中联合对伊军雷达、侦听和通信等系统实施猛烈的电子干扰，致使伊军雷达迷盲，通信中断，制导失灵，指挥不畅，处于一片混乱之中。

现代战争打的是导弹战、立体战、电子战。在导弹战中，电子对抗可掩护己方导弹突防，提高突防成功率，同时可干扰敌方各种制导方式的导弹攻击，破坏、削弱和降低敌导弹的攻击效果。受到干扰的导弹犹如无头的苍蝇，毫无战斗力。在空间战中，电子对抗可有效破坏敌侦察卫星、通信卫星、导航定位卫星的工作效能，进而影响联合作战的整体效能，是夺取太空"制高点"的重要"撒手锏"。

走出电子战的误区

自1904年日俄战争双方首次采用无线电通信及对抗措施后，随着电子信息技术的飞速发展和在军事领域的广泛运用，如今的电子对抗已经成为现代战争的重要组成部分，并受到世界各国军队的青睐。不过，在认识到电子对抗重要性的同时，一些人对其性质、机理及手段等也有一些模糊认识，这些都是思想上的误区，需要澄清和修正。

误区之一：电子对抗只是单个设备之间的较量

电子对抗出现在战场之初，其形式确实比较单一，使用的载体也比较简单。几部电台、一两架电子对抗飞机就可以完成一次无线电干扰或电子侦察、电子压制任务。而当战争发展到系统对系统、体系对体系的今天，电子对抗早已不是单个设备之间的较量，而是整个系统间的激烈角逐。

可以说，如今的电子对抗已渗透于作战行动的各个维度、各个时节、各个层次、各个武器平台之间，是一种典型的系统和体系间的对抗。这是因为，随着电子、信息和微电子等技术的发展，电子对抗装备的研发进程不断加快，并呈现出系统化、规模化特点。与此同

装备电子对抗设备的飞机

时，对现行武器平台进行信息化改造，加装电子设备和传感装置等，也成了世界各主要国家军队的普遍做法。比如，美军目前的坦克、装甲车、飞机、舰船等作战平台都加装有各类电子设备和传感装置，并与C4ISR系统联网，实现了作战兵器与指挥系统的高度融合。在此情况下，电子对抗显然已不是，也不能是单个设备间的较量。

误区之二：电子对抗只是一种软杀伤手段

电子对抗是在电磁这个无形领域内展开的，不管是电子侦察、电子进攻，还是电子防御，都不像常规作战行动那样刀光剑影、血肉横飞，似乎是一种典型的"兵不血刃"的软杀伤行动。但是，随着电子对抗重要性的不断增加，各种作战手段及设备的介入，无疑使之摆脱了以往"软"的形象，开始具有越来越多"硬"的一面。

目前，电子对抗中"硬"的一面主要表现在以下三个方面：一是反辐射攻击。也就是利用反辐射导弹、反辐射无人机等反辐射武器来攻击并摧毁敌各种辐射源。这种对抗方式已在近几场高技术条件下的局部战争中得到广泛运用。二是电磁脉冲攻击。即利用定向能武器所释放的高能电磁脉冲，摧毁和破坏敌信息系统中的各种电子设备，使其完全丧失效能。据称，海湾战争时，美军的"战斧"巡航导弹就曾发射过电磁脉冲弹头，这种弹头能够将常规弹药的能量转换为射频能量脉冲，对于破坏伊拉克防空系统

的电子设备和指挥控制中心发挥了重要作用。三是常规火力打击。就是利用坦克、火炮、导弹等常规火力攻击敌方的各种电子设备和信息系统，对作战实体进行彻底摧毁，使其完全丧失战斗力。可以预见的是，随着武器装备的发展，特别是各种新概念武器的出现，未来电

反辐射导弹——电子战的硬杀伤手段

子对抗中的"硬杀伤"行动还会进一步扩展，并显现出更大的作战能量来。

误区之三：电子对抗只是一种保障性行动

在电子对抗出现后的很长一段时间内，它一直是作为一种保障行动出现在战场上的。第一次世界大战中，电子对抗手段单一，主要以侦听和测向为主，偶尔使用电子干扰，也仅局限于通信对抗范围之内。第二次世界大战期间，由于无线电技术尤其是导航、雷达技术的发展，电子对抗的范围由通信对抗扩展到了雷达对抗。20世纪五六十年代，电子对抗技术发展较快，出现了一些著名的专用电子对抗飞机，一些战斗机上也开始配备较完善的机载自卫干扰系统。但无论哪样，它那时只是一种保障性的作战手段和行动。

1982年的贝卡谷地之战，以色列军队把电子对抗技术和电子战战术发挥得淋漓尽致，以极小的代价，取得了一举将叙利亚19个地空导弹阵地全部摧毁的胜利。此战，是现代电子战的典范，也使电子对抗作为一种致胜的打击行动首次在战场上凸显出来。此后，从海湾战争到伊拉克战争的数次高技术条件下的局部战争中，电子对抗都扮演了重要角色，并从以往的保障性行动变成了重要的作战行动，也就是既保障己方兵力兵器能够发挥出最大的作战效能，又通过软杀伤和硬摧毁来削弱敌方电子设备以及兵力兵器效能的发挥。因此，如今的电子对抗已经从辅到主，显现出日渐强势

的攻击能力和重要地位。

浅谈电子对抗试验场

电子对抗试验场是专门用于在近似实战条件下进行电子对抗战术训练和对电子对抗设备进行试验、鉴定的场地。

电子对抗试验场通常设在敌方不易侦察和对外界电磁干扰影响小的内陆地区。试验场占地广阔，场内主要配备：

（1）各种仿造的敌性国家军用雷达、通信电台、光电设备或其模拟设备；

（2）电子对抗信号环境模拟设备，它每秒可产生上百万个脉冲的雷达信号和上千部通信电台信号；

（3）用来装载电子对抗设备或供对抗试验用的各种电子设备的飞机、舰船、火箭和特种车辆；

（4）各种测试仪器设备，其测量范围和测量精度应满足承担各种任务的要求；

（5）大型自然环境试验设备，可对整套电子对抗装备按军用标准进行温度、湿度、冲击、振动、盐雾、霉菌等各种环境试验；

（6）大型微波暗室，内部可放入整套电子对抗装备进行试验，而不产生电磁信号泄漏。

电子对抗试验场承担的任务主要有：利用各种模拟设备，模拟敌性国家某一地区电子设备的配置情况，形成具有特定战术背景的近似实战的信号环境，对飞行员及各种战勤人员进行电子对抗战术训练，提高其电子对抗作战能力；在近似实战的条件下研究和演练新的电子对抗战术；对电子对抗装备的研制样机进行各种试验，对电子对抗装备定型或批量生产产品进行鉴定。

第二次世界大战期间，美国在佛罗里达州建立了陆军航空兵电子对抗试验站。20世纪60年代，美空军在内华达州用机载电子对抗设备与模拟的苏联雷达进行对抗试验。20世纪70年代初，美国空军在内利斯基地建立了庞大的电子对抗试验场，搜集和仿制了苏联对空情报雷达、炮瞄雷达和地空导弹制导雷达共百余部，配置在三个区域，模拟苏联在东欧的防空部署，主要用于检验机载电子对抗设备掩护作战飞机突防的有效性，以及在近似实战的电磁威胁环境中训练飞行员，提高电子对抗作战能力。20世纪80年代中期，北约在法国和西德建立了电子对抗训练场，其配备与美国空军内利

电子对抗试验场

斯电子对抗试验场相似，电磁威胁辐射源是移动式的，可以分布在整个训练场地。主要用于飞行员在逼真的电磁威胁环境中进行电子对抗训练。

　　电子对抗试验场的发展趋势是：提高试验场自动化水平，试验数据的采集、处理、分析、存储、显示的全过程以及仿真模拟等均采用计算机完成；发展智能化的专家系统，辅助试验人员判断和决策。

一场规模宏大的电子战

　　在著名的"霸王行动"——史称诺曼底登陆大战中，盟军约动用了287万军队，10000架飞机，6000艘舰船，而其中电子战行动尤为壮观，堪称是历史上规模最为宏大的一幕。

丘吉尔说：种种欺骗令人赞美

　　大战在即，英国首相丘吉尔亲自过问登陆的电子战准备和实施情况，组织电子战科学家和技术专家积极进行战前准备。当时的登陆电子战组织是一个宏大的系统工程，除国与国的联系外，整个登陆战整体须协调一致，陆、海、空军须紧密协同，还包括空降作战的全过程实施等。当时，电子战采用了许多尖端电子技术，有些是专项发明，特别是在电子欺骗手段上

有很多创新。从整个登陆战役的作战效果看，德军的思想确实被搞乱，从而产生了一系列的错误判断，使得指挥失利，电子战可谓功不可没。到希特勒明白盟军是"真正的一次登陆行动，而不是佯动"时大势已去。

丘吉尔在对登陆的电子战作用进行评价时说："我们在总攻开始之前和总攻开始之后进行的种种欺骗措施，都有计划地引起了敌方的思想混乱，其成就令人赞美，其影响将十分深远。"

规模宏大的电子战——诺曼底登陆

诺曼底登陆是盟军开辟欧洲第二战场的重大战役行动，德军在法国北部有60个师的部队，海岸有坚固的防御工事，有120部雷达形成的雷达网，希特勒声称"每架敌机都在它的严密观察之下"，大肆宣扬是如何坚不可摧。所以，盟军登陆冒着很大的风险，此战的胜败事关全局，所以借助电子战取胜意义十分重大。

避敌之长，攻敌之短

根据大战需要，盟军统帅部门请电子战专家罗伯特·科伯恩出山，他领导的技术班子很快拿出了四项目标和措施的方案。

第一，防止敌方获得盟军舰艇出发登陆的早期警报和精确的舰艇航迹。措施是组建一支电子干扰航空大队，配有各种型号的干扰机和电子侦察接收机，适时施放干扰，使德军雷达系统致盲或只能发现假目标。

第二，防止敌方海岸炮兵使用雷达瞄准控制的火炮射击海面的舰艇。措施是在舰艇上加装干扰机，在指挥登陆的巡洋舰上装备新型全波段侦察接收机，以及时发现敌方雷达信号，并组织施放干扰。

第三，扰乱敌军坦克和飞机的行动及防止敌方发现盟军伞兵降落区，并施放通信干扰，使敌机听不清拦截航向指令。

第四，令敌对登陆地作出错误判断，使敌雷达荧光屏上显示出两支巨大的"幽灵舰队"向加莱进发，以转移敌注意力，掩护真的登陆舰队。他们还精心设计了投放金属箔条的航线，使箔条干扰的运动速度与舰队相同，波形的大小与舰队回波相似；同时还施放了杂波干扰。登陆前一个月，盟军曾用缴获的德军雷达进行试验，达到了预想的目的。科伯恩为使敌巡逻飞机及早发现"幽灵舰队"，在海军汽艇上分别安装了"月光"回答式干扰机和"榛子"气球式雷达反射器，均收到了奇效。

让德军防御体系变成"植物人"

大战之时，登陆舰队出发，德军在法国和比利时海岸的雷达网遭到盟军空军的猛烈轰炸，多数雷达成了"瞎子"，此时干扰和欺骗行动出台了。

盟军模拟"幽灵舰队"的皇家空军飞行中队"出航"，小小舰队拖着"榛子"气球驶入大海，到达离海岸10千米时施放烟幕弹，并播放大军登陆的声音，德军顿时慌了手脚。同时，模拟假"空降"的电子欺骗迅速展开，使德军一再扑空，大呼上当；通信干扰施放后使敌机根本无法听到导航指令，一直在箔条干扰中徘徊寻找目标；当200多艘装了干扰机的舰艇在临近海岸施放干扰时，将残存雷达完全覆盖，此时的德军已经变成了"植物人"。整个电子战，盟军使伤亡和损失减少到最小程度，却获得了历史意义空前的巨大胜利。

透过海湾战争看电子战

历时42天的海湾战争集中了当时世界上最先进的常规武器，体现出历史上规模最大、水平最高，并且非常完善的电子战斗。海湾战争实际上成了多国高技术软硬武器的试验场，其中电子战成为重要组成部分。面对伊军较强的防空和地面作战能力，以美国为首的多国部队出动飞机10万多架次，对伊拉克和被占的科威特实施大规模连续空袭。

首先摧毁战略设施和C3I系统（即指挥、控制、通信和情报系统），确保制空权，然后凭借强大的空中力量打击伊军地面部队，为地面战斗的胜利打下基础。由于多国部队充分发挥电子战优势,使伊军始终处于被动挨打的地位,从而确保整个战争的顺利进行。在整个作战过程中,"电子战起着十分重要的甚至是决定性的作用"。海湾战争集中了种类齐全、技术先进的电子战装备,并且集中了训练水平较高的电

海湾战争的场景

子战作战人员,使电子战的作用得到充分发挥,为我们研究电子战提供了良机。

以美军为代表的电子战装备

在海湾战争投入使用的武器装备中,电子战装备占有很大比例。从外层空间的卫星,到高、中、低空分层部署的飞机,乃至地面的战车、水面的战舰和水下的潜艇,都配备有电子战装备,构成多层次、全方位、全频段严密的立体配系。电子战装备技术先进、种类齐全。既有有源干扰设备,又有无源干扰设备;既有雷达对抗设备,又有通信和光电对抗设备;既有软压制,又有硬杀伤武器。电子战装备的技术水平比英阿马岛战争先进2~3代。在使用的电子战装备中,以美军装备量最大、现代化水平最高。下面以美军装备为主,介绍电子战装备情况。

空间卫星与地面设备构成完善的C3I系统

美军在战区的侦察、指挥、控制和通信主要通过卫星实现,为此美军至少使用了12种卫星,在伊拉克上空保持有15~18颗侦察卫星,对伊重要设施和通信等进行广泛侦察,监视伊军的调动,协调多国部队作战。

侦察卫星有:2颗"大酒瓶"和1颗"小屋"电子侦察卫星,负责监视无线电通信;4~5组共12~15颗"白云"电子情报卫星,其中2组为新

近发射；1颗"长曲棍球"合成孔径雷达侦察卫星，对伊拉克实施有源侦察；3颗KH-11照像侦察卫星沿不同轨道运行，保证每天白天多次通过伊拉克上空；此外还有2颗更先进的KH-12照像侦察卫星。

上述侦察卫星将截获的电子情报和拍摄的图片送到

海湾战争中的单兵卫星系统

有关部门处理后，再送到军事机关和国家安全局等部门。美国国防卫星通信系统的6颗卫星（其中DSCSⅡ2颗，DSCSⅢ4颗）位于印度洋和大西洋上空，为中东美军提供与本土的通信联系。舰船和舰岸之间的通信则通过2颗舰队通信卫星和4颗"辛康"通信卫星实现。

此外，美国的全球定位系统（GPS）卫星还为美军的飞机和舰船提供精确的定位和导航。国防气象卫星计划（DMSP）卫星为美军提供气象信息。同时，美军致少保证随时有一颗预警卫星在中东上空监视伊军的导弹发射。

种类齐全的电子战飞机和机载电子战装备

美军为海湾战争投入约100架电子战飞机。驻海湾的陆海空部队都装备有专用电子战飞机，并且所有直接作战的飞机都装备自卫干扰装置，以满足战场上不同的作战需要。美军使用的电子战飞机和预警机有：30架E-2C舰队防空预警侦察机、10架E-3远程预警和指挥控制飞机、2架E-8A预警指挥控制飞机、

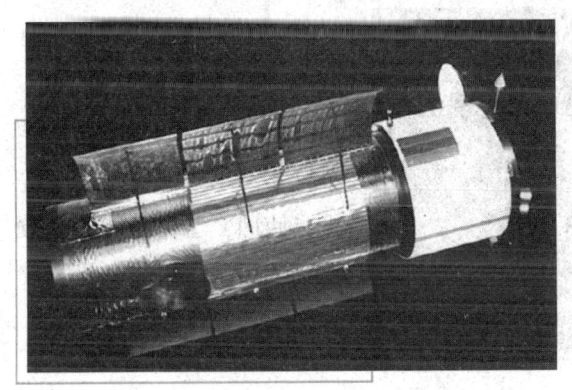

海湾战争中使用的照像侦察卫星

无声的战场：电子战

30架EA-6B电子战飞机、4架EC-130HC（U3）对抗飞机、12架EF-111A电子战飞机、36架F-4G"野鼬鼠"反雷达飞机、4架RC-135电子情报飞机、若干架EH-60电子战直升机和6架TR-1电子侦察飞机。

海湾战争中投入的电子战飞机

EA-6B是目前唯一舰载战术电子战飞机。每艘航母配备4~5架，装备的ICAP-Ⅱ干扰设备（ALQ-99改型）为目前机载最大功率干扰机，使用多波束天线，产生的功率密度达1千瓦/兆赫。改进后使频率范围扩展为64兆赫~18千兆赫，增加了对多种苏制雷达的干扰。此外用ALQ-149战术通信干扰机取代ALQ-92。有些EA-6B还装备AN/ASQ-191通信干扰设备，提高通信干扰能力。EF-111为美国空军的主要进攻性电子战飞机，具有高空高速性能，是当时最先进的专用电子战飞机。

美国在总结1986年袭击利比亚的经验后，在EA-6B和EF-111A上加装AGM-88反辐射导弹。其中AGM-88B使用的软件为第三、第四次改进型。美军所有作战飞机都装备有自卫干扰设备，以提高自身的防护能力。

此外，如A-6E、F/A-18等飞机上还装备有AGM-88反辐射导弹。B-52轰炸机装备的先进光学对抗（AOCM）系统第一次投入使用，这种高能激光致盲系统用于高炮光学指挥仪和炮手致盲。

EA-6B是目前唯一舰载战术电子战飞机

无形的利剑——电子战

技术先进的地面和舰载电子战装备

美军派往海湾的地面部队中，有8个电子对抗情报营，5个电子对抗情报连，共约5000余人。地面电子装备有：AN/MSQ-103A雷达侦察系统、AN/TSQ-114A通信侦察测向系统、AN/GLQ-3B通信干扰系统、AN/MLQ-34战术通信干扰系统和AN/TLQ-17A通信干扰系统。

AN/MSQ-103A为电子战情报营主要装备，系统可通过保密电话和数传系统与前方控制中心联络，还可与AN/UIQ-14多目标电子战系统的地面装备和AN/TSQ-109地面移动式辐射源识别系统协同工作。集结在海湾的美军各类战舰都装备有先进的电子战装备，以保护舰船免遭反舰导弹的袭击。主要装备有AN/SLQ-29舰载组合式电子战系统、AN/ULQ-6舰载干扰机、AN/SLQ-32系列舰载一体化电子战系统、AN/SLQ-30舰载电子战系统和MK36 SRBOC无源干扰投放

舰载组合式电子战系统

系统。潜艇上装备有AN/WLR-8（V）电子战监视接收系统。AN/SLQ-32是现代较为典型的一体化电子战系统，具有对付最先进雷达的能力，能与MK36 SRBOC无源干扰系统结合，是一种很有效的抗反舰导弹的电子对抗系统。

英军加强电子战能力

英军驻海湾部队具有较强的电子战能力。部署在巴林的24架"旋风"飞机装有"天影"干扰吊舱和BOZ107箔条/红外闪光弹投放吊舱。另外12架"美洲虎"飞机装备AN/ALQ-101（V）-10雷达干扰吊舱和"菲玛

特"箔条投放吊舱,该机装备的 ARI.18223 雷达告警接收机在进驻海湾前作了改进。此外英军在"美洲虎"和"旋风"飞机上加装 AN/ALQ-40 无源干扰投放设备,以增强电子战能力。

英军在海湾使用了"阿拉姆"反辐射导弹

英军在海湾使用了"阿拉姆"反辐射导弹,导弹被发射到高空后关掉发动机,放出降落伞慢慢降落。当导弹探测到雷达后,发动机又重新开机,射向目标。

伊拉克的电子战装备

相对而言,伊军的电子战装备数量少,水平低。伊军装备有 2 架 IL-76 空中预警和指挥飞机。据报道另有经自己组装的"巴格达"预警机。空军装备的苏制作战飞机载有"警笛"系列雷达告警接收机和无源干扰设备。伊拉克购买的法制"幻影" F1-E 战斗机装备有 BF 型晶体视频接收机,并携带"印鱼"和"巴雷姆"干扰吊舱,以及"无花果"干扰投放器。法制"幻影" F1 飞机装有"阿玛特"反辐射导弹。伊拉克陆军装备有苏制地面移动式干扰设备,此外伊拉克还从国外购买了大量的电子伪装器材。

电子战运用及战术特点

海湾战争为美军的高技术电子战装备提供了表演舞台。以美国为首的多国部队针对伊军特点,为这场战争作了长期周密的准备,使电子战取得空前成功。这场战争中的电子战有如下特点:

战前周密的电子侦察

早在海湾战争爆发以前,电子战就已经开始。在"沙漠盾牌"实施的同时,美军就对伊拉克实施广泛的电子侦察,从而较全面地掌握伊军无线电联络和雷达情况,保证战时能有效地干扰伊军防御系统和 C3I 系统。太空中的 KH-11 和 KH-12 照像侦察卫星和"长曲棍球"雷达成像卫星对伊拉克进行大量侦察，编制出要攻击目标的详尽而精确的地形图和电子数据地图，输入"战斧"巡航导弹和其他作战武器和飞机中，保证攻击的成功率。电子侦察卫星对伊拉克的雷达和无线电通信进行广泛的侦察。预警卫星还对伊军的导弹发射预警，为"爱国者"导弹成功拦截提供情报支援。

美军动用 E-2C 和 E-3B 飞机对伊军的导弹和飞机攻击提供预警。每天至少出动 5 架次 RC-135 电子侦察机来截获电子情报。沙特飞机还多次有意侵入伊领空，引诱伊雷达开机，从而查明伊军雷达部署情况。此外，美军在海湾还部署 CL289 和"雄蜂"无人侦察飞机。通过 CL289 能进行战场照像，同时诱使伊军雷达开机。

美国的预警卫星对导弹进行拦截

除空中以外，美军还通过地面设备对伊军进行侦察，部署在阿曼、塞浦路斯等地的地面侦察站也全面开动。通过电子侦察和密码破译等手段，掌握大量伊军情报。

首战是 C3I 对抗，外科手术式打击

以美国为首的多国部队首战运用的电子战战术，与袭击利比亚和入侵巴拿马有很多相同之处，即采用外科手术式打法。多国部队针对伊军的军事特点（即防空力量以 C3I 系统为依托，最先进的米格飞机靠地面引导），首先打击伊军 C3I 系统和其他战略目标。多国部队结合战前的信号侦察，在开战前 23 个半小时运用空中和地面干扰设备对伊军全面实施强烈的压制性干扰，使伊军通信中断、雷达迷盲。然后运用 F-117 隐身战斗机对巴格达通信中心投下第一枚炸弹，同时发射大量巡航导弹，集中打击伊军指挥中枢、通信中心和一些战略目标，作战飞机还发射大量反辐射导弹摧毁伊军雷达。

由于 C3I 系统受到破坏，伊军在受到空袭后反应迟缓，不能组织有效反击。多国部队在战前施放强烈干扰，使伊军不能发现大机群

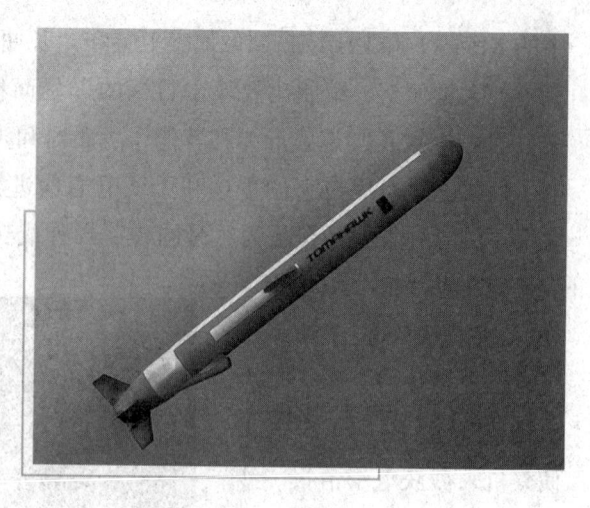

巡航导弹

起飞和编队，并且长时间的干扰在一定程度上疲劳和麻痹了伊军。同时首批攻击飞机保持无线电静默，而且派出具有隐身性能的 F－117A 战斗机打头阵，运用这些战术，达成了进攻的突然性。由于成功地实施电子干扰，使首轮空袭只损失 1 架飞机。

协同运用电子战手段

多国部队在作战中，电子战飞机与战斗机、轰炸机密切配合，支援干扰与自卫干扰协同进行，软硬杀伤同时实施，使电子战和传统战都充分发挥威力。

首轮空袭中，EA－6B 升空作远距离支援干扰，EF－111 主要进行近距和随队支援干扰。EF－111 先期进入伊拉克境内约 50 千米，对伊雷达实施干扰压制，然后按一定航线飞行，支援主攻机群的作战。

同时出动 F－4G 反雷达攻击机对伊军雷达和防空系统实施软硬压制，一旦发现雷达开机就予以摧毁。在整个战争中，机载自卫干扰也发挥了很大作用。

F－117、F/A－18 等战斗机上的反辐射导弹对雷达形成最直接的威胁。B－52 轰炸机在有飞机护航的情况下仍使用了大量的箔条干扰。作战飞机还运用了大量的欺骗干扰和假目标诱饵，使伊军错认为打下很多飞行

物。同时由于有干扰的支援，使F-117的隐身效果最佳。美军具有很强的电子战快速应变能力和电子防御能力。美军的快速应变能力主要表现在计划的制订、电子战部队和装备的部署、设备的生产和改进，以及侦察情报的应用。伊拉克入侵科威特不久，

F-4G反雷达攻击机

作为"沙漠盾牌"计划一部分的电子战计划很快制订出来，电子战部队和装备迅速进入中东，与原侦察站一起展开广泛的侦察。美国空军还就如何更快将一些新式电子战系统部署到海湾作了专门研究。各生产厂家应军方需要，加速电子战装备生产，保证海湾美军具有足够的电子战装备。美国海军根据中东信号环境，重新为AN/ALQ-126B编制软件，并将侦察到的威胁数据存入系统内。卫星侦察的情报也能在一小时内输入"战斧"导弹的制导头，迅速将电子情报转换成战斗力。

美国使用的电子设备具有很强的抗干扰性。机载雷达基本上为捷变频，通信电台也具有跳频能力，整个指挥控制网具有很强的抗干扰能力。尽管伊军也施放了电子干扰，但未能影响到美军电子装备的正常使用。伊军曾试图用苏制地面干扰机干扰E-3B飞机，但未能奏效，反被E-3B飞机定位。

伊军的隐蔽欺骗战术较为成功

针对多国部队发动的强大攻击，伊军采取"避开锋芒，保存实力，施延时间，伺机反击"的战略，将其拥有的700多架作战飞机预先隐蔽到掩体里，只使用66个机场中的5个，只有5%的雷达开机，很多雷达短时关机避免遭到反辐射导弹的攻击。伊军的电子伪装和假目标运用非常成功。伊军的"飞毛腿"导弹发射架是多国部队轰炸的重点目标。伊军为欺骗多

国部队,用铝板和塑料制造了很多假发射弹,引诱多国部队轰炸,而真的发射架则及时机动或进入掩体。战前伊拉克从意大利一公司购进金属加固的塑料坦克,有些加装热源,以欺骗机载雷达和热寻的导弹。此外伪装网

伊拉克用塑料坦克欺骗雷达和热寻导弹

和烟幕也为伊军保存实力起到很大作用。由于伊军成功地运用欺骗战术,使多国部队不得不重新估计轰炸效果,延长轰炸时间。

电子战发展简史

电子对抗萌芽于 20 世纪初无线电通信应用于军事斗争之后。1904～1905 年日俄战争中,就出现了对无线电通信的侦察和采取无线电静默的反侦察行动;第一次世界大战中,电子对抗的主要形式是对无线电通信的侦察测向和定位,无线电干扰仅偶尔实施;第二次世界大战期间,雷达、无线电导航设备和无线电通信设备在战争中广泛应用并发挥了巨大的作用,为了对付这些电子设备所带来的巨大威胁,英国、美国、德国等一些国家发展了削弱或破坏这些电子设备的手段,如侦察、告警和干扰技术等,并为此研制生产了数十种专用的电子对抗设备和器材,相继组建了电子对抗专业部队。与此同时,变频、扩展频段和活动目标显示等各种反干扰技术也相应发展并在作战中使用。

1940 年不列颠之战中,英国利用干扰发射机转发德国的无线电导航信号,使德国夜袭轰炸机受骗,其轰炸效果降低了 80%。1943 年 7 月下旬,英国在空袭德国城市汉堡时,首次投放了大量雷达无源干扰器材——箔条,使德军防空雷达系统受到严重干扰。1944 年 6 月,盟军在法国诺曼底登陆前,综合运用多种电子对抗手段,结合火力摧毁,破坏了设在法国沿海一带的德国全部干扰台和 80% 的雷达站。登陆时,对登陆地域残存的德军雷

达和通信联络进行了干扰压制，而在佯动方向，运用欺骗干扰手段模拟了一支进攻加莱的大型幽灵舰队和掩护机群，对造成德军统帅部错误判断联军登陆方向，取得登陆成功起了重要作用。大战后期，在欧洲战场、大西洋战场和太平洋战场，英、美、苏、德、日等国都频繁应用电子对抗，保障战役、战斗行动。

20世纪50年代中期以后，电子技术、航天技术和导弹技术飞速发展，各种运用电子技术控制和制导的火炮、导弹等广泛装备部队，并在越南战争、中东战争等局部战

英国利用干扰发射机骗倒德国轰炸机

争中应用，从而促进了电子对抗的全面发展。无人驾驶侦察飞机、电子侦察卫星等各种侦察工具相继投入使用，电子对抗侦察活动一直在不间断地进行。针对各种武器制导和控制系统的应用，发展了各种欺骗性干扰技术。研制了专门摧毁雷达的反辐射导弹；专用电子对抗飞机等数百种电子对抗装备器材陆续装备部队；各种抗干扰能力强的新体制电子设备，如频率捷变雷达、相控阵雷达、跳频电台等不断涌现。

中东战争中通信干扰的成功运用，以及扩展频谱通信等各种抗侦察干扰能力强的通信技术和指挥、控制、通信系统在军事上的广泛运用，使通信干扰重新受到重视，并产生了指挥、控制和通信对抗的新概念。光电对抗的出现又进一步扩展了电子对抗的领域。

在历次局部战争中，电子对抗都发挥了重要作用。如1967年第三次中东战争中，埃及海军导弹艇发射了6枚"冥河"舰舰导弹，由于没有受到任何电子干扰而全部命中目标，击沉了以色列"埃拉特"号驱逐舰。但在1973年第四次中东战争中，以色列采用发射箔条火箭干扰"冥河"舰舰导

弹，使埃、叙发射的几十枚导弹无一枚命中目标。

1982年贝卡谷地战斗中，以色列对叙利亚的地空指挥通信和导弹制导雷达等实施干扰，并使用精确制导武器和反雷达导弹进行攻击，使叙利亚蒙受重大损失。战争的经验教训引起了世界各国军队的重视。不少国家组建、扩建了电子对抗部队，建立健全了电子对抗管理机构，在提高海军、空军电子对抗能力的同时，重视和加强了陆军电子对抗能力的建设，积极研制和采购电子对抗装备，研究发展新的抗干扰技术，并且加强部队在电子对抗条件下的战斗演练，以提高电子对抗作战能力。

随着电子技术在军事上的广泛应用，电子对抗的范围将由地面、海上、空中向外层空间扩展，电子对抗将成为干扰指挥自动化系统和武器控制系统的重要手段，并向软杀伤和硬杀伤紧密结合的方向发展；对抗的重点仍是与武器系统紧密结合的电子设备和制导、搜寻的设

贝卡谷地战斗场景

备；对抗手段将从单一对抗发展为综合对抗；隐形技术将获得广泛应用；继续发展具有自适应能力的一体化电子对抗系统和反侦察、反干扰能力强的新体制电子设备；改进和发展反辐射导弹，研究新的反辐射摧毁手段；广泛采用模拟训练，以提高部队的电子对抗作战能力。

电子战的特征

现代科学技术的发展使电子技术在军事上的应用愈来愈广泛。无线电通信设备、雷达设备、导航设备、制导设备、遥测遥控设备和指挥自动化系统以及红外、激光、夜视等各种光电设备大量装备部队，不仅提高了军队对战场的侦察监视能力和武器的命中精度，也提高了军队的作战能力和

快速反应能力。

雷达、无线电通信设备等电子设备，都是通过电磁波的发射、空间传输和接收来完成其功能的。一方的电子设备发射的电磁波在空间传播过程中，不仅能被己方的接收设备接收，也可能被对方的侦察接收设备截获、识别并从中获得有用情报。当一方的电子设备在接收有用信号时，也可能同时接收对方有意发射的干扰电磁波，并因此而检测不到有用信号或受对方欺骗。战争中通过干扰造成敌方电子设备的效能降低或完全失效，就可能破坏或扰乱敌方的指挥和控制，迟滞、牵制敌方的战斗行动，为夺取战役、战斗胜利创造有利条件。有的国家认为，电子对抗已成为整个战争能力的一个有机组成部分。夺取电子优势已成为夺取地面、海上，特别是空中战役、战斗胜利的重要因素。

组织电子对抗侦察，主要是截获敌方电子设备发射的信号，经过分析、识别，得到敌方电子设备工作的频率、工作方式、信号特征参数以及配置地点和用途等情报，为制定电子对抗作战计划、研究电子对抗对策、发展电子对抗装备提供依据，为电子干扰、电子防御、摧毁辐射源、规避机动以及部队的其他战术行动提供情报保障。实施电子干扰，主要是根据电子对抗侦察所获得的准确情报，利用电子干扰设备或器材，通过发射干扰电磁波或者反射、吸收敌方电子设备发射的电磁波，对敌方电子设备进行压制和欺骗，扰乱、破坏敌方电子设备的工作，降低敌方电子设备的使用效能。

进行电子防御，主要是通过反电子侦察、反电子干扰和对反辐射武器的防护，防止己方电子设备发射的电磁信号被敌方截获并从中获取情报；采用各种措施消除或削弱敌方电子干扰对己方电子设备工作的有害影响；防止敌方反辐射武器对己方电磁辐射源的攻击。此外，还有反辐射摧毁，即运用反辐射武器摧毁敌方的电磁辐射源等，也是电子对抗的一种手段。

电子对抗要根据总的作战意图和作战原则组织实施。其运用原则是：①统一计划，集中指挥，搞好与其他作战行动的协同。②不间断地组织电子对抗侦察，及时查明敌方新出现的辐射源的用途、位置和威胁程度。③合理选择目标，妥善处理情报搜集与干扰压制的关系，确定干扰重点和干扰程序。④在战斗关键时刻，综合使用多种干扰手段，并结合火力摧毁，最大限度地破坏敌方指挥、控制、通信和情报系统。⑤干扰时机和干扰技术、战术应力求出敌不意，达成突然性。⑥对敌方实施干扰，应不影响己方电子设备的正常工作。⑦全面组织电子防御，确保己方指挥自动化系统和各种电子设备正常发挥效能等。

下面，我们讲一讲关于电子战的特征是怎样的。我们可以分六点来讲。

（1）电子对抗实质是敌对双方争夺对电磁频谱的有效使用权，即制电磁权的斗争。电子干扰既不能摧毁敌方电子设备，也不能使其永远失效，只能使敌方电子设备在干扰期间功能削弱或短时间失效。

（2）电子对抗在作战过程中反应迅速，时间性强，几乎影响到所有作战行动。特别是在一方或双方的作战速度极高，时间因素起着决定性作用时，电子对抗的作用就显得更加重要。

（3）电子对抗的重复有效性低。一种干扰往往只对某一种电子设备有效，一种反干扰措施也往往只能对抗某一种干扰。一种新措施的出现必然会导致一种相应的反措施的产生，因而不会被侦察、干扰的电子设备和特别有效的侦察、干扰技术都不会长期存在。这种交替领先的多变性决定现代电子对抗必须具备快速反应能力。

（4）连续性。电子对抗不仅在战时，而且在平时也在激烈地进行着，其平时的主要形式是电子对抗侦察和反电子侦察。

（5）广泛性。电子对抗已渗透到陆战、空战、海战的各个领域，并向外层空间扩展。由于电子对抗包括电子进攻和电子防御两种功能，因此它不仅涉及电子对抗部队，还广泛涉及到操作和使用电子设备的各种作战人员和所有作战部队。

（6）机密性。由于电子对抗针对性强，一种有效的对抗措施一旦被敌方侦悉，敌方就会迅速采取相应措施而使其失去作用。为了尽量延长对抗手段的有效时间，世界各国均对此严格保密。

军事科技的高峰——电子对抗技术

电子对抗技术

敌对双方进行电子斗争的电子技术设备、器材以及使用这些设备器材的方法和手段，统称为电子对抗技术。它是削弱、破坏敌方电子设备的使用效能和保障己方电子设备正常发挥效能而采取的综合措施，是现代战争中一种重要的作战手段。

由于军队广泛应用先进的电子技术和装备进行战场侦察、目标监视、作战指挥、通信联络、武器控制与制导，从而大大提高了作战能力和快速反应能力。电子对抗的目的就在于：削弱或破坏敌方而同时又保护己方的这种能力，为掌握战场主动权，夺取战役、战斗的胜

电子对抗技术是现代战争的重要手段

利创造有利条件。随着电子技术在军事上的广泛应用，电子对抗将成为对抗敌方自动化指挥系统和武器控制系统的重要手段。

电子对抗技术包括电子对抗侦察技术、电子干扰技术、电子防御技术和反辐射摧毁技术等。按其运用领域，也可分为雷达对抗技术、通信对抗技术和光电对抗技术等。电子对抗侦察技术包括对敌方电磁辐射信号的截获、测量、信号处理、识别、威胁判断以及对辐射源测向、定位等技术。电子干扰技术包括有源干扰技术和无源干扰技术。电子防御技术包括各种反电子侦察、反电子干扰和抗反辐射摧毁等技术。反辐射摧毁技术包括对辐射源精确定位技术和导引技术等。

电子对抗侦察技术

对密集复杂、多参数变化、超宽频率范围和全空域的环境信号进行搜索、截获、测量、分析和识别是电子对抗侦察技术的显著特点，主要反映在接收技术和信号处理技术上。

在接收技术方面应用低噪声固态器件、声表面波器件、微波集成器件、电荷耦合器件，研制出信道化接收机、数字瞬时测频接收机、压缩接收机、声光接收机，较好地解决了在超宽频率范围内电磁辐射信号的全概率截获，以及瞬时测量信号参数的问题。由于采用数字频率合成技术、快速傅里叶频谱分析技术、高精度时差法测向定位技术和实时信号处理技术，使通信对抗侦察能截收跳频、直接序列扩频和猝发通信的信号，并能对1毫秒的短信号测向定位。

电子对抗侦察技术的安排现场

在信号处理技术方面，采用相关理论、模糊理论、模式识别技术、数据库技术和高速大规模集成电路，对信号流中的每个信号进行实时处理，使在时间上交错的信号得到分选、使未知的辐射源得到识别和判断威胁，最后依据敌我态势给出最佳电子对抗对策。为了取得对威胁信号100%的截获概率，在天线技术方面广泛应用对数周期超宽频带天线，用两个相互垂直的对数周期天线阵，可侦收任意线极化的电波。圆极化的螺旋天线有10：1的频率覆盖和数十度的角度范围，其中平面螺旋天线特别适用于测向系统。圆形多模阵列天线与移相馈电巴特勒矩阵网路相连，能产生覆盖360°的若干个波束，可对威胁信号的单个脉冲进行全方位瞬时测向。

电子干扰技术

战场上威胁辐射源的增多，促使电子干扰技术的发展，有源电子干扰技术仍是主要方面，主要反映在干扰多目标上。为使得有限的电子干扰资源能获得最佳的运用，发展了功率管理技术。功率管理技术主要是采用计算机在对信号环境的信号进行分选识别、威胁运算和逻辑判断、确定辐射源威胁等级后，根据诸威胁的态势和本设备的干扰能力（干扰目标的数量、干扰功率、频率范围等），经过对策运筹，在时域、频域和空域上控制干扰发射机和天线波束，在需要的时间窗瞬间，以所需的干扰频率信号（含最佳干扰样式），向所需的目标方向发射。雷达干扰机采用数字调谐的压控振荡器和双模行波管功率放大器，可按数字的频率码在微秒量级上变换频率。研制出相控阵干扰天线和透镜馈电多波束阵列天线，具有（2～3）：1带宽比，能够在数微秒内和小于1°的精度，将干扰波束指向任一威胁目标。干扰技术中的另外一些成就是：数字射频存储技术，可在指定的时间将存储的数字信号恢复成射频信号，使干扰波形与信号波形精确匹配；发展了一次性使用的干扰机，包括遥控工作的摆放式、飞航式、投掷式、火箭式或火炮发送式等干扰机；研制出电子调制编码的红外干扰机和欺骗式激光干扰机；由于大功率激光源的出现，又研制了致盲式激光干扰机。

随着一些新技术、新材料、新器件的出现，无源干扰技术也获得了很大的发展。已研制出由计算机控制与电子对抗侦察告警设备交连的无源干扰投放装置系统，它可根据威胁数据、载体航行数据、气象数据等进行运算，确定干扰对象、干扰器材的种类和数量、投放方式、投放方向和投放时机等，以取得最佳干扰效果。投放装置还具有可投放箔条弹、红外诱饵弹和投掷式干扰机等多种功能，研制出散开快、留空时间长、频带宽、雷达截面积大的箔条，以及新型的空心箔条、充气箔条、V型箔条、配重箔条、红外综合箔条等。

气悬体是一种扩散快、持续时间长、干扰频带宽的无源干扰器材，它是由悬浮在空间的微粒所构成，对电磁波有强的散射、吸收作用。电波吸收材料有涂料、贴片、结构型材料等，可有效减少目标的雷达截面积，降低雷达探测距离，为发展隐身技术提供了条件。气溶胶和各种发烟装置等光电无源干扰器材也获得了相应的发展。

隐身技术包括雷达隐身、红外隐身、可见光隐身和声波隐身技术等，特别是雷达和红外隐身技术迅速发展并获得广泛应用。研制发展了一批隐身作战飞机和隐身巡航导弹，隐身军舰也在研制试验中。雷达隐身技术主要是采用电磁波低散射外形技术和新材料技术（电磁波吸收材料，透波—吸波复合材料）等，大幅度减小目标的雷达截面积。如海湾战争中频繁使用的F－117A隐身战斗机的雷达截面积小于0.1平方米。

隐身作战飞机

电子防御技术

各种抗干扰能力强的电子设备已广泛装备部队使用，如频率捷变雷达、脉冲多普勒雷达、战术相控阵雷达、跳频通信电台等。部分地解决了捷变频与动目标显示的兼容问题，多基地雷达的关键技术已经突破，战术导弹广泛采用复合制导技术。此外，还有自适应跳频技术、超低副瓣天线和副瓣对消技术、多参数捷变技术以及反辐射导弹诱饵技术等。自适应跳频技术就是把自动频谱分析处理技术与跳频通信技术结合，不但可快速跳频，使对方难于侦察和干扰，还能根据频谱分析的结果，跳到无干扰的频率上。采用超低副瓣天线技术，地面雷达天线的副瓣电平已可降到－35分贝以下，机载雷达已可达到－50分贝以下，再加上副瓣对消技术，大大提高了反侦察、反干扰能力。多参数捷变技术使得对方的信号处理难于获得有用信息。随着反辐射摧毁技术的产生，发展了对抗反辐射武器的告警技术和诱饵技术，并研制出有源告警设备和有源假目标（诱饵）。这些专用设备配置在大型电子装备附近，当有反辐射武器来袭时，该设备发出警告和自动关闭被防护的电子装备发射机，告警距离可达40~50千米，以便采取防护措施或快速转移。诱饵性的有源假目标是在发现有反辐射武器来袭时，及时开机，发射与被防护的电子装备相同的信号，其辐射电平强于天线副瓣电平，以便吸引来袭导弹，使其脱靶。

反辐射摧毁技术

20世纪80年代以来，各种反辐射导弹大量装备部队，在局部战争中广泛应用，并与电子干扰配合形成软硬一体化作战。

反辐射摧毁技术的核心是对辐射源精确定位与导引技术。在导引头性能上，采用超宽带器件和低噪声器件，使之可在0.8~20吉赫范围工作，能在远距离从天线副瓣进行攻击。在导引头中加装记忆部件或捷联式惯性导航设备，即使被攻击的

反辐射摧毁技术在战争中广泛应用

电子设备关机，仍能继续导向目标。采用微波集成技术、信号处理技术和可重编程技术，提高了导引头的处理、存储、识别、记忆功能，增强了通用性和在复杂电磁环境中攻击目标的能力。还研制了巡航式反辐射导弹，它可在敌区上空盘旋，截获到敌方威胁信号后，迅速转入攻击状态。如敌关机，则利用其记忆功能完成攻击；或者恢复到巡航状态，等待目标暴露，再行攻击。

综合电子战系统

把单个或多个作战平台上的不同种类、不同型号、不同频段与不同用途的电子战装备及多种作战手段，有机组合成一个完整的、通用的多功能

电子战系统，称为综合电子战系统。

综合电子战系统的特点是：突出系统的综合设计、信息资源的综合利用和电子对抗资源的综合管理与控制，实现多种电子战功能综合化。

20世纪80年代以来，为适应现代战争日益复杂的电磁环境和合同作战、系统对抗、体系对抗的作战特点，美国等西方国家大力发展综合电子战系统，已研制和装备了第一代单平台综合舰载电子战系统。

舰载电子战系统是现代海军水面舰艇武器的重要组成部分，由电子侦察、有源干扰和无源干扰三类装备组成。其主要任务是：对敌海军舰载、机载和岸上的雷达、通信系统进行侦察，必要时实施干扰；在海战全过程中，对敌舰载、机载和岸基反射导弹的制导系统实施干扰，掩护己方水面舰艇实施海上作战和保护舰艇编队安全。电子侦察装备包括专用电子侦察船和作战舰艇上电子侦察设备。前者专用于对海战区内敌雷达、通信等电磁辐射源进行截获、识别、测向、定位并测出技术参数，获取敌方战术情报，判断敌方兵力部署、行动意图和对己方的威胁程度；后者用于搜索、截获、识别敌海上威胁程度最高的电磁辐射源，及时向舰艇指挥员发出警报，引导干扰机实施干扰或引导火力实施攻击。有源干扰装备包括大功率雷达噪声干扰机、通信声干扰机、欺骗式干扰机、自由飞行式或拖曳式有源雷达诱饵等，以干扰压制敌海上预警、引导、炮瞄雷达，舰对空、对岸、对舰通信设备，以及舰载、机载或岸基反舰导弹的制导系统；扰乱敌单舰或舰队的C3I系统与武器控制和制导系统。无源干扰装备包括箔条、红外诱饵弹和各种反射体，它们与有源雷达诱饵一样，可部署到离真实舰艇一定距离，形成假目标，以引诱敌雷达和反舰导弹跟踪假目标，达到保护自己的目的。

自20世纪70年代以来，美国海军的舰载电子战装备迅速发展，战术技术性能不断提高，目前各种舰艇均装备有电子战系统。具有代表性的AN/SLQ–32（V）系列侦察/干扰一体化电子战系统，已有五种改型，可供各级舰艇使用。舰载电子战系统的发展方向是：①提高现有系统性能，如扩展频谱范围、采用新体制接收机、提高有效干扰功率、综合利用多种干扰方式，以适应复杂的海战环境；②加强光电对抗装备研制，重点发展

◆◆◆无形的利剑——电子战

飞机发射红外诱饵弹

以计算机为基础的射频、红外、激光侦察和干扰一体化系统，以对付多频谱、多传感器和多目标威胁；③发展舰载综合电子战系统，提高快速反应能力和整体作战能力，以对付各种反舰导弹的威胁；④发展舰载电子战无人机，如侦察/干扰无人机、反辐射无人机和一次性使用的有源电子诱饵等。

无声的战场：电子战 ◆◆◆

"千里眼"的较量——雷达对抗

障"眼"斗法——雷达对抗

当你乘车来到某一偏僻的山区时，会偶然看到山顶上竖立着一个大"铁扇"，或是朝着天空的"大锅"。于是有人会神秘地告诉你：那不是扇，也不是锅，而是雷达天线，那里住着雷达兵……

雷达天线

◆◆◆ "千里眼"的较量——雷达对抗

雷达是用来做什么的？第一次世界大战后，磁控管、脉冲振荡器和定向天线等新型技术相继涌现，导致了雷达的诞生。雷达可以及时发现几百千米甚至上千千米以外的敌方飞机和导弹，被誉为"国防千里眼"。在现代战争中，雷达有着十分重要的地位和作用，是对付敌机空袭的好手。雷达既可为防御服务，也可以作为进攻性武器使用；既可以用于发现敌方军事目标，又可以引导武器系统实施火力攻击。

你使用过手电筒就知道，它发出的光遇到镜子会反射回来。同样，雷达也会利用金属物对电磁波的反射原理来探测飞机、舰艇等作战平台。具体说，雷达发射的电磁波在遇到金属物体时部分能量被反射回雷达天线，接收机通过测量发射出去的电磁波与反射波的时间间隔，便可以得出目标与雷

雷达被誉为"国防千里眼"

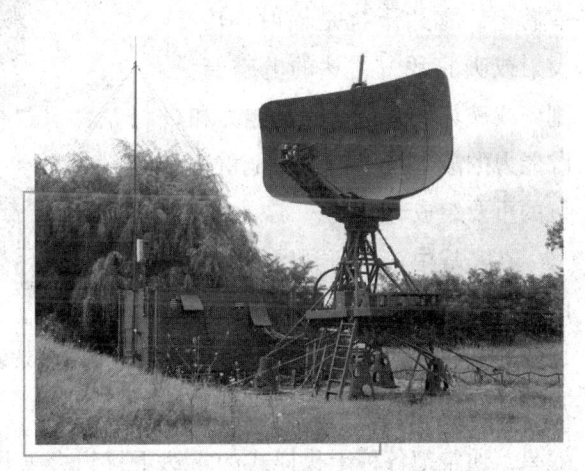

达的相对距离，再根据雷达天线的指向，便可以确定目标的空间位置。1940年夏季，德国先后出动飞机 416 万架次，妄图摧毁英伦三岛。空战中处于劣势的英国军队，以 915 架飞机击落了德军的 1733 架飞机，取得了辉煌的胜利，雷达在战争中立了大功。

军用雷达家族中，预警雷达用于及时察觉企图入侵的敌方飞机和导弹，为指挥员制定作战方案提供准确情报；炮瞄雷达用于发现和自动跟踪空中目标，引导高炮射击，是高炮系统的组成部分；制导雷达则能用来引导和控制战术导弹的飞行。随着科技的进步和战争的需求，雷达在战争中已得到广泛应用，且对战争的结局发挥着重要的作用。

"有矛就有盾"，自从有了雷达，对付雷达的手段就不断出现了。雷达干扰、反辐射导弹和目标隐身等对抗武器应运而生，并对雷达构成了严重的威胁，这些手段在军事上称为雷达对抗。

雷达对抗分为雷达侦察和雷达干扰。雷达对抗侦察分为雷达对抗情报侦察和雷达对抗支援侦察。雷达侦察接收机可以安装在卫星、飞机上，也可以安装在航船和车辆上，当然也可以放在地面上和背在肩膀上。雷达干扰是辐射、转发、反射或吸收敌方雷达的电磁能量，削弱或破坏敌方雷达探测能力和跟踪能力的战术技术措施，是雷达对抗的重要组成部分。

在实战中，如何利用雷达对抗的各种对抗手段，以达到作战的最佳效能？单一的干扰对反干扰能力强的雷达作用有限，为了提高干扰

制导雷达能引导和控制战术导弹的飞行

效果，通常把各种干扰样式的雷达干扰组合使用，如多种欺骗干扰技术同时使用；压制性干扰与欺骗性干扰组合作用；有源干扰与无源干扰组合使用等。雷达对抗与雷达斗争的实质上是电磁信息的斗争。贝卡谷地之战前，以色列曾多次派出无人驾驶飞机在贝卡谷地上空侦察，并设法诱骗叙利亚防空导弹搜索雷达和制导雷达开机，以查明其工作频率，测定雷达参数和导弹阵地的准确位置。由于大战之时实施了针对性很强的雷达对抗措施，使叙军的防空导弹雷达系统全部陷入瘫痪，仅仅6分多钟，叙利亚苦心经营多年的19个连的"萨姆"-6导弹阵地顷刻间化为乌有。这场战斗从表面上看是以军空袭取得的胜利，但实际上也应该归功于雷达对抗的成功运用。

雷达对抗自问世以来，即对雷达作战效能构成了严重威胁，迫使雷达设计师们采取多种技术措施抵御雷达干扰的挑战。这些措施称为雷达反干扰技术。雷达反干扰技术的发展，又使得新型侦察和干扰技术在不断地产生。雷达对抗设备正向一体化、智能化、通用化、模块化和系列化发展，在作战运用上正向雷达干扰与反辐射导弹结合的软硬杀伤一体化方向发展。

◆◆◆ "千里眼"的较量——雷达对抗

雷达对抗设备发展迅速

可以说，雷达对抗与反对抗永无止境，永远没有确定的胜者，斗法的结果还看谁更高一筹！

雷达对抗基础——雷达对抗侦察设备

雷达对抗侦察设备是用于搜索、截获、测量、分析、识别雷达发射的电磁信号以获取其战术技术参数等情报的电子设备。

用雷达侦察设备截获敌方的雷达信号并经过分析、识别、测向和定位，获取战术技术情报，是雷达对抗的基础。雷达侦察分为雷达情报侦察和雷达对抗支援侦察，两者互为补充。雷达情报侦察的主要任务，是通过对敌方雷达的侦测获取雷达的特征参数，判断雷达的性能、类型、用途、配置和所控制的武器等有关战术技术情报以及防御系统的组成。它是制定作战计划、研究雷达对抗技术和使用雷达对抗设备的依据。雷达对抗支援侦察的主要任务，是在情报侦察、获取数据的基础上，实时截获敌方雷达的信号，分析识别威胁雷达的类型、数量、威胁性质和威胁等级等有关情报，为作战指挥实施雷达告警、战术机动、引导干扰和引导杀伤武器等战术行动提供依据。

雷达对抗侦察设备主要由天线、接收机、信号处理器、控制器和显示记录装置等组成。

雷达对抗侦察设备的主要战术技术性能指标有：侦察空域、截获概率、信号环境适应能力、反应速度以及频率覆盖范围、灵敏度、测频精度、测向精度和系统动态范围等。

雷达对抗侦察设备

第二次世界大战期间，雷达对抗侦察设备用于作战。那时的雷达对抗侦察设备比较简单，一般采用扫描式天线，机械调谐超外差接收机和直检式接收机，人工操作，测量雷达信号参数的能力有限。

20世纪60年代以来，随着雷达技术发展，新体制雷达不断出现，雷达数量日益增多，雷达信号环境变得越来越复杂，促进了雷达对抗侦察设备的发展。侦察天线除了继续使用扫描式的天线外，出现了方位上宽开接收的新型天线，如应用巴特勒矩阵馈电的圆阵（半圆阵）天线，多波束透镜天线等。侦察接收机出现了多种新的体制，如信道化接收机、瞬时测频接收机、微扫（压缩）接收机、声光接收机等。由于微电子技术和数字计算机的发展及在雷达对抗侦察设备上的应用，实现了密集、复杂信号环境下自动快速地进行信号分选、识别、判断决策和对干扰设备的引导控制。70年代末期以来，出现了把几种技术体制结合在一起使用的侦察设备，如在微处理机控制下，瞬时测频接收机自动引导超外差接收机工作，使两种测频接收机技术的优点兼而有之。信道化接收机和声光接收机已达到实用水平。

20世纪90年代，信道化接收机或声光接收机与超外差接收机结合使用的雷达对抗侦察设备已进入实用。

对抗中的诱骗——雷达干扰

无源干扰与有源干扰

按产生干扰的原理分为有源雷达干扰和无源雷达干扰。有源雷达干扰是使用雷达干扰设备辐射或转发干扰电磁波，使雷达不能正常发挥效能。无源雷达干扰是使用本身不产生电磁辐射的器材散射、反射或吸收敌方雷达辐射的电磁波，从而阻碍雷达对真目标的探测或使其产生错误跟踪。

有一种看起来并不起眼的东西——金属箔条，在实战中大有用途。当飞机或舰船受到雷达威胁时可投放箔条或发射箔条火箭，诱骗敌雷达制导导弹射偏。飞机也可以将大量的干扰物投放到空中，散发开来呈云雾状，称为"干扰走廊"。

角反射器也是一种无源干扰物，它是由反射能力很强的金属板组成，能够将来自各方面的雷达波反射回去。巧妙使用反射器，能在敌方雷达屏

有源雷达干扰

金属箔条在实战中大有用处

幕上显示假桥梁、假坦克等，以达到迷惑敌人的目的。无源干扰物虽然耗资不大，但其特有的神奇功能，却足以与耗资巨大的有源干扰机媲美。

压制性雷达干扰和欺骗性雷达干扰

我们还可以按干扰的性质，分为压制性雷达干扰和欺骗性雷达干扰。

压制性雷达干扰是以强烈的干扰使雷达无法发现目标或者使雷达信号处理设备过载饱和，难以获取目标的信息。

利用雷达干扰设备或雷达无源干扰器材都可以产生压制性的干扰。应用最广泛的有源压制性干扰是噪声干扰，它对各种体制的雷达均有明显的干扰作用。

欺骗性雷达干扰是模拟目标的回波特性，使雷达获得虚假目标信

无源干扰物之角反射器

"千里眼"的较量——雷达对抗

军用飞机进行压制性雷达干扰

息，作出错误判断或增大雷达自动跟踪系统的误差。欺骗性雷达干扰可以采用有源或无源的方法产生。

有源欺骗性干扰是使用干扰设备接收雷达发射的信号，经过干扰调制，改变其有关参数，再转发回去。主要用于对自动跟踪雷达进行欺骗。根据对雷达的干扰作用，有源欺骗性干扰主要有假目标干扰、距离欺骗干扰、速度欺骗干扰和角度欺骗干扰。

欺骗性干扰针对性强，但不能对各种雷达都有效。

无源欺骗性干扰主要是：投放运动特性和雷达截面积均与目标（飞机、舰船、导弹等）相同或相近的假目标装置，对探测雷达进行欺骗；当目标受到雷达跟踪时，投放速爆箔条弹、角反射器、假目标装置等无源干扰器材，形成雷达诱饵，使跟踪雷达跟踪诱饵而丢失真目标。

单一的干扰有时对反干扰能力强的雷达作用有限。为了提高干扰效果，通常把各种干扰样式的雷达干扰组合使用，如多种欺骗干扰技术同时使用、压制性干扰与欺骗性干扰组合使用、有源干扰与无源干扰组合使用等。

雷达干扰的发展

第二次世界大战期间，德国首先于1940年9月对英国的"本土链"雷达实施干扰。1942年8月英国采用简单的"月光"脉冲转发器对德国弗雷亚雷达施放假目标脉冲干扰。此后，英美两国生产了大量噪声干扰机用于作战。1943年7月，英国在轰炸汉堡时，投放了大量箔条，使德国的防空系统瘫痪。大战期间，雷达干扰虽然干扰样式单一、干扰功率小、干扰频带窄，但仍然在作战中发挥了重要作用。战后，随着电子技术的发展和局部战争的需要，雷达干扰技术发展很快。

20世纪50年代末，对跟踪雷达的各种欺骗性干扰技术获得相应发展。70年代以来，计算机技术、微电子技术和大功率器件在雷达对抗装备中应用日益广泛，展宽了雷达干扰频段，出现了新的干扰手段和干扰样式，对多目标的干扰能力、干扰自动化程度以及对战场电磁环境的自适应能力和反应速度都

欺骗性雷达干扰系统

有了很大的提高。雷达干扰的发展趋势是：进一步展宽干扰频段；发展对新体制雷达的干扰技术；进一步发展自适应干扰技术；在干扰运用上，向多种干扰技术综合运用、干扰与反辐射武器结合使用的软硬一体化方向发展。

◆◆◆ "千里眼"的较量——雷达对抗

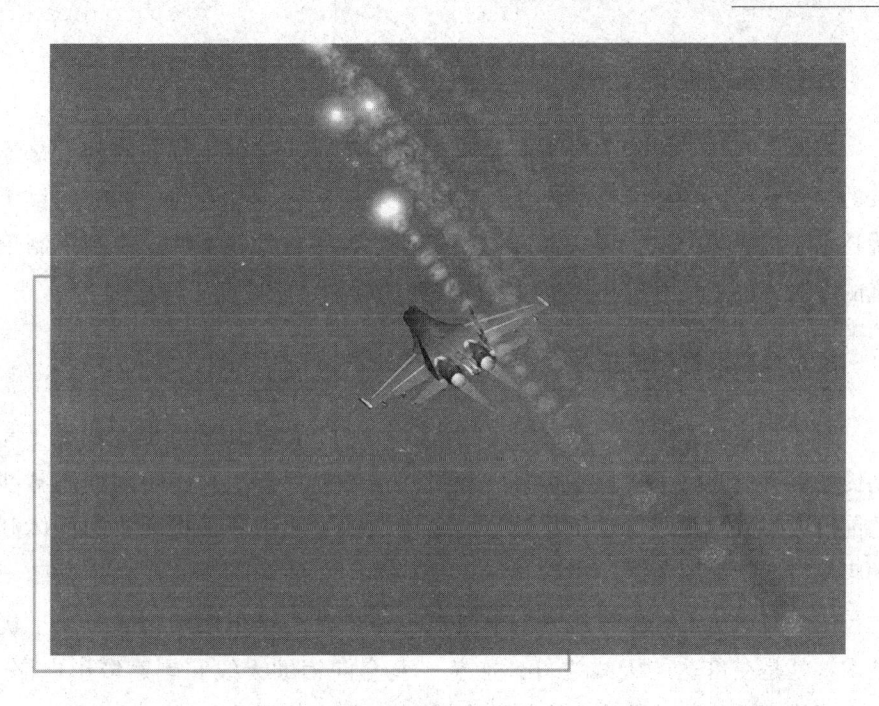

雷达干扰发展迅速

反雷达对抗侦察与反雷达干扰

  雷达反干扰是为使雷达在电子干扰环境中能有效地获取目标信息而采取的各种消除或减弱干扰影响的技术措施的统称。雷达反干扰技术一般具有针对性，对于不同类型的电子干扰，需要采用不同的反干扰技术。对于一些复杂的电子干扰，往往需多种反干扰技术综合应用，才能有效地消除其影响。按干扰类型的不同，雷达反干扰技术可分为反有源干扰技术、反无源干扰技术，以及反压制性干扰技术和反欺骗性干扰技术。按反干扰的作用分，主要有提高信号强度，防止接收机过载和抑制（鉴别）干扰等。反干扰的基本方法是利用目标信号和干扰的某种不同特性，从干扰背景中提取目标信息，其实质就是滤波技术，可分为空间域滤波、频率域滤波和时间域滤波等反干扰技术。按雷达的组成可分为发射机反干扰技术、天线反干扰技术、接收机反干扰技术和信号处理器反干扰技术等。

反有源压制性干扰技术

有源压制性干扰的主要形式是噪声调制干扰。这种干扰在时间上是连续的，因此对付这种干扰的办法，主要是采用频率域和空间域滤波的反干扰技术。将雷达的工作频率避开电子干扰的频率，是基本的反有源压制干扰的方法，也是发射机和接收机共同采用的频率域滤波反干扰技术。

反有源欺骗性干扰技术

对于距离欺骗干扰（或称距离门拖引干扰），除采用频率捷变或重复周期捷变等有效的反干扰技术以外，还可在信号处理器中采用跟踪回波脉冲的前沿或多波门跟踪等反干扰技术。角度欺骗主要用于干扰圆锥扫描体制的跟踪雷达。采用单脉冲跟踪技术，是一种主要的和有效的反角度欺骗干扰技术。对付从天线副瓣进入的脉冲式欺骗干扰，可采用副瓣匿影反干扰技术。就是在雷达的天线之外，加装一套全向辅助天线和副瓣匿影电路。当主天线副瓣收到的脉冲干扰信号小于全向辅助天线所收到的同一信号时，副瓣匿影电路就将这个干扰脉冲去除。

反无源干扰技术

无源压制性干扰主要是在空中大量投射箔条或气悬物体，形成广阔的杂波干扰区以掩护其中的活动目标，破坏雷达对目标的探测。雷达通常采用自适应动目标显示技术以抵消这种随风飘移的低速杂波干扰；或采用脉冲多普勒技术，用多普勒频率滤波器组，根据目标和杂波干扰的速度区别，滤除杂波。反无源欺骗性干扰包括：采用多普勒滤波技术滤除雷达诱饵回波；采用高分辨率雷达，特别是合成孔径雷达，识别地（海）面无源假目标。

对于有源和无源复合干扰，雷达需采用频率捷变和动目标显示相结合的反干扰技术。

雷达反干扰技术的发展

雷达反干扰技术是在和雷达干扰技术的斗争中不断发展起来的。第二次世界大战期间，德、英、美、苏等国都先后在雷达中采用了一些有效的反干扰技术，如加宽频段、人工和机械变频、利用多普勒效应观测动目标、加装简单的抗干扰电路等。

20世纪50年代初，变频速度达到秒级的机械跳频技术和用人工进行风速补偿的动目标显示技术已经使用。50年代末，频率分集、单脉冲和副瓣匿影等反干扰技术开始应用。60年代发展了频率捷变、自适应动目标显示和"宽限窄"电路等反干扰技术。70年代，脉冲多普勒和自适应副瓣对消等技术投入使用。80年代对付有源和无源复合干扰的兼容雷达反干扰技术获得发展。

雷达反干扰技术的发展趋势是：将多种反干扰技术有机地结合起来，提高雷达的综合反干扰能力；自适应反干扰技术向智能化方向发展，雷达能快速测估干扰环境，自动采取合理的反干扰措施；发展多基地等新体制雷达，统一考虑解决雷达反侦察、反干扰和反隐身等问题。

雷达的"克星"

"哈姆"反辐射导弹

人失去了眼睛，寸步难行，而雷达就是现代防空作战的眼睛。伊拉克战争中，美英军队的高技术武器悉数上阵，伊军也搬出了其全部家当，双方对抗异常激烈。但人们却惊讶地发现，伊防空力量好多时候是"闭着眼睛"打仗，处处被动，他们有何苦衷呢？美英军队武器库中跳出一位成员一语道出了真谛："他们是怕挨我打，只要他们敢把眼睛眨一眨，我就能立即把他们打瞎。"它就是当今世界上最先进的反辐射导弹之一，绰号"雷达杀手"的"哈姆"反辐射导弹（AGM-88）。

"哈姆"反辐射导弹是美军在其第一代反辐射导弹"百舌鸟"基础上研制的一种新型高速反辐射导弹，主要用于攻击地面和舰载防空雷达，也可用于制导与火控雷达，于1984年开始装备美军部队，共发展A、B、C三种型号，可搭载于F/A-18、EA-6B、F-16、B-52甚至E-2C预警机等

无声的战场：电子战

多种飞机之上。

"哈姆"反辐射导弹长4.14米，直径25.40厘米，翼展101.60厘米，发射重量360千克，战斗部重66千克，频率覆盖范围为0.8~20吉赫，引信为激光近炸方式，射程约50千米，动力装置采用无烟固体双推进发动机，最大射速2280千米/小时，其制导系统位

雷达杀手——"哈姆"反辐射导弹

于导弹的头部，采用雷达自引导方式发现、跟踪敌方的雷达波，并引导导弹飞向目标。

"哈姆"反辐射导弹有预定程序、自卫攻击、随机攻击三种作战方式。

（1）预定程序：用这种方式主要对付已知雷达种类和位置的目标，导弹向已知方位的目标雷达发射，并按预定程序寻找和攻击目标；导弹发射后，载机不再发出指令，导弹有序地识别辐射源，并锁定到威胁最大或预先确定的目标雷达上。导弹发射后若没有收到目标发射电磁波就自毁。

（2）自卫攻击：机载威胁告警系统探测到目标雷达信号后，计算机适时进行分类、识别、评定威胁等级，确定目标后，向导弹发出数字指令，装定好有关参数，飞行员即可发射导弹，导弹自动锁定目标；即使目标在导引头的视野之外，也可以发射导弹；发射后的导弹按预定方式飞行，直到发现要攻击的目标。

（3）随机攻击：载机在飞行过程中，对导弹导引头接收到的未预料到的目标辐射源实施攻击。

"哈姆"反辐射导弹与其他同类型导弹相比较，优点突出：它的反应与攻击速度快、射程远、导引头频带宽（一种导引头就能覆盖主要防空雷达波段）、攻击目标多，且在采用自卫攻击方式时，可自动和离轴发射，攻击目标；改装十分容易，只须改变软件就能对付今后出现的新雷达；可转向

180°攻击载机后方目标；采用复合制导方式，具备抗目标雷达突然关机和一定的抗电子干扰能力；战斗部采用高能炸药及钨合金立方体，杀伤力强；能按程序自主地在目标上空盘旋，根据检测到的雷达信号，自动选择威胁最大的目标进行攻击，甚至可以无定向飞行和盲射；此外"哈姆"B、C型反辐射导弹在采用吸波隐身材料后，雷达反辐射面仅0.001平方米，突防能力很强。"哈姆"反辐射导弹这些特点，使它自诞生以来，一直是反辐射导弹之中的佼佼者。

"哈姆"反辐射导弹初试身手于1986年美军空袭利比亚时。当时美军2次发射反辐射导弹，第一次发射2枚"哈姆"反辐射导弹，分别击中了2部"萨姆"–5导弹制导雷达；第二次发射了"哈姆"反辐射导弹和"百舌鸟"反辐射导弹，命中了5部雷达天线，使利比亚的雷达和地空导弹系统陷入瘫痪。

在海湾战争期间，"哈姆"反辐射导弹可谓出尽了风头，对伊拉克的防空雷达频施毒手，许多伊拉克的防空雷达不是被其摧毁就是被迫关机，最终导致伊拉克的防空力量成了名副其实的"瞎子"。

近十多年来，"哈姆"反辐射导弹经美军多次改进，且又经过科索沃战场的历练，功力更是不寻常，在伊拉克战场，大开杀戒，过去的手下败将——伊拉克防空雷达，有了上次惨痛的教训，岂敢轻易"睁眼"。

不过，"哈姆"反辐射导弹虽然出道以来一直战绩彪柄，锋芒毕露，但它所遇到的作战对手的实力也太过一般，都是一些诸如利比亚、南联盟、伊拉克等第三世界国家的雷达，从未与强手过过招。也许是对手的弱小掩盖了"哈姆"反辐射导弹身上的诸多"死穴"：首先，它在发射后无法操纵，在有干扰的情况下它的命中率也会降低，抗雷达诱饵能力比较差；其次，它不能进行敌我识别，所以它的发射平台的探测跟踪能力以及人为操作的熟练程度对它的攻击影响甚大，如果碰到作战双方的雷达频率相差不大或该地区雷达频率密集重叠时，那么"哈姆"反辐射导弹可就不分敌友，乱打乱杀了。特别是由于政治格局的变化，许多现在的美国盟友也使用俄制防空武器，这让"哈姆"反辐射导弹的主人使用它时十分头痛。所以，美军仍在不停地对"哈姆"反辐射导弹进行改进，对其软硬件进行更新升

"哈姆"反辐射导弹

级,以使它具有更高的命中精度,更强的抗干扰能力,更好的雷达波识别能力,等等,从而使"哈姆"反辐射导弹真正成为温顺听话而又威力无比的"雷达杀手"。

反辐射导弹的现状与未来

使用反辐射导弹摧毁敌方雷达以首先夺取战争主动权,已成为现代战争的一般程式。目前,各国在役和在研的反辐射导弹有30余种型号,其关键技术体现在目标无源侦察定位技术、宽频带、高灵敏度被动导引头技术、天线罩技术、抗干扰技术、推进技术以及引信、战斗部配合技术等方面。

在现代战场上,雷达部署的广度和密度越来越大,威胁日益严重。甚至有人估计,一架战术飞机在作战地域上空300米以上飞行时,可能遭到30～40部雷达的同时跟踪。因此,以干扰、压制和摧毁敌方雷达为重要内容的电子战变得尤为重要。但是,通过干扰等"软杀伤"手段破坏敌方电子设备时,不仅不能造成永久性的破坏,使敌方很容易恢复功能,而且往往有影响己方电子设备正常工作的副作用。最好的办法就是采用识别性很强的"硬杀伤"手段，即像反辐射导弹这样的武器直接摧毁敌方对己方威胁较大的各种雷达。

反辐射导弹是一种利用敌方雷达辐射的电磁波进行导引并攻击该雷达及其载体的导弹。它除了具有一般导弹都有的战斗部、火箭发动机、控制舵等部件外，还有一个被动式雷达导引头，用以接收敌方雷达辐射的信号，为其提供误差信息，不断修正飞行航线。其攻击目标多是事先选定的，在攻击过程中，若被攻击的雷达关机，导弹仍可借助于记忆装置，继续飞往目标，因而命中精度极高，称得上是雷达的"克星"。

实战应用概况

反辐射导弹一出现，因其优异的作战性能而立即受到军事家们的青睐。世界近期发生的几场局部战争表明，使用反辐射导弹摧毁敌方雷达以首先夺取制电磁权，从而夺取战争主动权，已成为现代战争的一般程式。海湾战争中，多国部队发射了"百舌鸟"、"标准"、"哈姆"、"阿拉姆"等各种反辐射导弹约1500枚，致使伊军95%以上的雷达被摧毁，防空系统基本陷于瘫痪。从战争一开始，就造成伊拉克防空部队处于进退维谷的境地：雷达开机，即意味着"自杀"，就可能被跟踪、被摧毁；不开机，又无法指挥、控制和引导各种防空武器对付多国部队的空袭。

反辐射导弹——"阿拉姆"导弹

在科索沃战争中，北约的各种反辐射导弹再次使南联盟军队的防空雷达大部分失效，保证了北约飞机和导弹能够"安全"、"顺利"、"大胆"地实施突袭。

典型型号

目前，各国在役和在研的反辐射导弹有30余种型号，除了前面提到的"哈姆"反辐射导弹外，比较有代表性的还有：

（1）AS-17反辐射导弹

AS-17是直接攻击型远程反辐射导弹的典型代表。它是俄罗斯为对付"爱国者"这类地对空导弹而研制的新一代空对地多用途反辐射导弹。由于针对的是典型目标，因而导弹采用有限带宽导引头（3个）。这样，它能在较宽范围上准确捕获和跟踪目标，既提高了命中精度，同时还降低了抗关机的技术难度和对机载目标定位设备的要求。

AS-17采用整体式火箭冲压发动机，固体助推器置于发动机燃烧室内。这种组合动力方式，保证了导弹可全程高速飞行，既可在最优高度条件下攻击200千米以外的预警机或"爱国者"导弹的相控阵雷达，也可在低空有效攻击100千米以外的目标。它的90千克高爆破片杀伤战斗部，不仅能杀伤雷达的天线，还能杀伤天线下部的雷达发射车，同时为扩展攻击目标的种类奠定了基础。

（2）"星"-1反辐射导弹

AS-17反辐射导弹

◆◆◆ "千里眼"的较量——雷达对抗

以色列的"星"-1是巡逻型反辐射导弹中比较成功的一种型号。它是一种中单翼飞行器，弹体采用模块式结构。导弹使用NPT151-4涡喷发动机，最大射程可达400千米，巡逻时间20分钟，巡航速度为Ma＝0.4～0.65，巡航高度为700米。

"星"-1反辐射导弹

"星"-1采用宽带被动导引头，其视场为±30°，典型捕获距离为10～15千米，可对付频率范围2～18吉赫的固定频率、捷变频和连续波雷达，并能在密集电磁场环境中搜索、鉴别、捕获和跟踪间隔距离为70米的目标。作战时，"星"-1将根据预先输入导引头的目标参数表和优先等级表等信息，在制导系统的控制下精确地飞向目标。一旦雷达关机，它将在弹上计算机最后一次计算出的坐标附近巡逻飞行。如果在20分钟的巡逻时间内重新捕获到目标，"星"就转入跟踪俯冲并将其摧毁，这一过程大约只需20秒钟。

关键技术

（1）目标无源侦察定位技术

指示雷达目标是反辐射导弹实施攻击的前提条件。与主动雷达对目标进行侦察定位相比，对辐射源的无源（被动式）侦察定位应具备先敌发现能力，具有较高的灵敏度；实时信息处理能力，可输出战区雷达的数量、型号、工作状态、威胁等级等；目标定位能力，可输出较为准确的目标方位数据；战前编程能力，可按敌情随时变更作战软件，以适应战场情况的瞬息万变。

（2）宽频带、高灵敏度被动导引头技术

被动导引头是反辐射导弹的"眼睛"。高技术条件下，战场电磁环境日趋复杂，它必须具有：较宽的工作频段，可覆盖现役主要雷达频带；较高的灵敏度，不仅能跟踪雷达的主瓣，也能截获旁瓣和背瓣；较强的信号鉴别能力，可从复杂密集的战场电磁环境中分选出差别很小的雷达信号特征；足够的测角精度，对近轴目标能达到 $1°\sim3°$；较快的信号处理速度，可探测跟踪多种体制的雷达，如变频捷变和连续波雷达；较好的作战适用性，可判别雷达威胁等级，自动选择出目标攻击优先等级，并锁定要实施攻击的目标。

（3）天线罩技术

随着导引头向超宽频带方向发展（$0.1\sim40$ 吉赫），相应配套的天线罩技术成为主要的"瓶颈"之一。其技术难点主要是天线罩材料的透波率和长时间的耐高温性能，以及天线罩电性能设计、性能测试和成型工艺等。

（4）抗干扰技术

反辐射导弹如果不具备较强的抗干扰能力，其作用将大打折扣。总体看，它应具备：抗目标雷达关机能力，这也是最基本的抗干扰能力；抗双点源、诱骗、跳频、杂波能力，能对付各种新体制和新技术雷达，如低截获概率雷达、米波和 UHF 波段雷达、双基或多基雷达，以及雷达联网技术、雷达发射功率控制管理技术等；复合制导能力，可在失去目标雷达辐射的电磁波时，继续利用其他制导技术控制导弹摧毁目标。

（5）推进技术

发动机是反辐射导弹的重要基础，对其战技术指标有直接影响。新研制反辐射导弹的射程应大于 50 千米。这样，使用火箭发动机已不合算，而必须采用吸气式的火箭/冲压组合式发动机，并满足一些要求：大推重比，以减小发动机的体积和质量，使导弹变得小巧、使用方便；使用范围宽（$0\sim10$ 千米），能适应飞机的飞行、发射导弹的高度范围；采用无烟或少烟推进剂，具备一定的隐身能力；工作时间长，可在全射程为导弹提供动力。

（6）引信和战斗部配合技术

采用近炸引信是提高反辐射导弹战斗部对雷达的杀伤威力的手段之一。但由于现代雷达系统一般只暴露天线，对主体则采取了诸多防护措施，因此如何使引信启动区与战斗部动态杀伤区得到最佳配合，使战斗部破片集中飞向天线，彻底摧毁目标是一个技术难题。此外，引信的抗干扰能力和识别能力也将直接影响战斗部的杀伤效果。

(7) 系统总体设计技术

要使反辐射导弹武器系统设计合理、指标先进、效费比高，总体设计技术就成了关键的一环。为此，必须有重点地采用新的设计、试验方法。如导弹和发动机一体化设计技术研究、雷达目标特性研究、导弹武器系统的作战使用模式研究、综合试验及鉴定技术研究等。以最终提高新型号的研制质量、缩短研制周期、减少研制经费。

发展趋势

(1) 研制适合多种载机的不同档次的目标指示设备

机载目标指示设备的品种较多，档次也不同。如美国F-4G电子战飞机配备的AN/APR-38系统，可以准确地指示目标的类型、坐标、工作状态和威胁等级等参数。但其设备复杂，且价格昂贵。为使一般飞机也能装备反辐射导弹，可以对机载雷达告警系统加以改进，使之成为可与反辐射导弹匹配的目标指示设备；或者利用反辐射导弹的导引头，采用交联工作方式进行目标指示，满足其一般作战要求。

(2) 进一步提高导引头的性能

提高反辐射导弹的整体性能，导引头是关键。其改进措施包括：扩大频率范围，由2~18吉赫（可覆盖97%以上的防空雷达）向0.1~40吉赫发展，以适应防空雷达工作频段向米波或毫米波发展的趋势；提高接收机灵敏度，由于雷达旁瓣技术的广泛应用，导致从雷达波束的旁瓣或背瓣进入攻击成为必需，而这要求导引头具有较高的灵敏度；加强信号处理能力，未来战场上同时接收的电磁信号密度将达到每秒百万次以上，且体制更加多样化，这就要求导引头在信号的筛选能力、处理速度等方面有较大提高；采用复合制导技术，将被动导引头与主动雷达、红外、激光、电视、GPS制导等相结合，以提高导弹的自动寻的和抗干扰能力。

(3) 增加用途，降低成本

未来战场目标情况复杂、战机稍纵即逝，要求发展反辐射导弹时，应兼顾战略、战术使用需要，针对不同性质的目标，向多用途方向发展。美国空军正在"响尾蛇"空空导弹的基础上，加紧研制反辐射型 AGM-122A，以使之成为对付近程防空体系的多用途导弹；俄罗斯的 AS-17 导弹，可换装不同导引头，打击不同性质的空中和地面辐射源。此外，现役反辐射导弹的效费比总体偏低，尤其是导引头的成本过高。如"哈姆"反辐射导弹在研制装备初期，导引头的价格占全弹成本的57%。这就大大限制了导弹的大量装备使用。因此，各国正通过技术及工艺改进，并采用模块化、系列化设计思路，以期大幅度降低成本。现"哈姆"的单价就已下降约一半。

（4）增强协同作战能力

反辐射导弹的作战使用模式对作战效果的影响较大。"百舌鸟"导弹在越南战争使用初期，效果很明显，但在越方采取对抗措施后，命中率则急剧下降。但十年后的贝卡谷地战场，以色列通过少量技术改进和对使用战术进行的精心准备，同样是"百舌鸟"，却大获全胜。究其原因，奥妙就在于以色列采用了多兵种协同作战的全新战术。这从一个侧面也说明，现代战争已发展为陆、海、空、天、电多维空间的一体化作战，是体系之间的对抗，不可能依靠一两件武器单独作战来取得以往的效果。因此，作为实施电子战的一种关键性武器，增强协同作战能力，显然是发展反辐射导弹必须考虑的重要因素之一。

（5）发展巡逻型反辐射导弹

巡逻型反辐射导弹是对直接攻击型反辐射导弹的一种重要补充，主要靠长时间滞空巡逻搜索来压制防空雷达的正常使用。这种导弹多数以陆基发射，系统较为简单，成本相对低廉，弱小国家发展较多。虽然巡逻型反辐射导弹的突防能力、杀伤效果、作战任务规划等受到人们的怀疑，但可以肯定的是，它如果与高

巡逻型反辐射导弹

速反辐射导弹结合使用，将会在防空压制作战中取得更好的效果。

雷达"保护神"——反辐射对抗技术与摧毁战术

战场"千里眼"全方位搜索目标

在现代战争中，雷达及其制导武器系统面临着各种反辐射武器的致命威胁，它们能利用雷达辐射的电磁波，引导武器系统飞向雷达，对雷达及其操作人员构成致命威胁。在海湾战争中，美空军发射1000多枚"哈姆"反辐射导弹，英军发射100多枚"阿拉姆"反辐射导弹。这些新型反辐射导弹为彻底摧毁伊军C3I防空雷达系统发挥了重要作用。但由于反辐射导弹导引头的天线孔径受到弹径的限制，尺寸较小，对工作频率较低的米波雷达或更长波长的雷达难以精确测向和定位，其灵敏度及动态范围有限，对超低副瓣雷达难以实现精确跟踪，不能区分出雷达和辐射假信号的雷达诱饵。因此，为提高防空雷达系统的生存能力，研究反辐射导弹对抗技术具有十分重要的意义。

"哈姆"反辐射导弹能摧毁防空雷达系统

反辐射导弹告警技术：雷达系统生存的"110"

反辐射导弹告警技术，是利用反辐射武器径向速度较大且沿径向飞向雷达的运动特点，发现反辐射武器。告警系统通常为连续波多普勒雷达或脉冲多普勒雷达。它可以为一个独立的雷达系统，成为被保护雷达系统的重要部分。反辐射导弹告警装置可与相控阵雷达协同工作发现来袭反辐射导弹，采用多普勒雷达或成像雷达等手段，识别出反辐射导弹的回波或图像，从而发现反辐射导弹，发出告警信号，引导干扰系统实施有效干扰。

对于雷达告警来说，目前的近程搜索雷达要及时发现反辐射导弹是困难的，因此，必须研究专用的雷达。如超高频脉冲多普勒雷达系统。这种雷达可采用电扫天线小功率固体化的脉冲雷达，具有成本低、运输方便的优点。它可安装在雷达站附近，与雷达电缆连接，各自工作在不同频率上，能及时发现反辐射导弹，迅速告警。

光电告警在导弹逼近告警中占有极其重要的地位。目前，光电告警设备已广泛装备部队，并在实战中成效显著。光电告警设备分辨率高，体积小、重量轻、成本低，且无源工作，能准确引导干扰系统（特别是激光武器）实施干扰，所以能辅助雷达告警设备，是反辐射导弹告警的重要技术手段。

在反辐射导弹光电告警中，可以采用红外告警、紫外告警和激光雷达

飞机与脉冲多普勒雷达

◆◆◆ "千里眼"的较量——雷达对抗

告警技术。目前，红外告警设备已进入一个新的发展时期。新的产品具有全方位的告警能力，可完成对大群目标的搜索、跟踪与定位，自动引导干扰系统工作，用先进的成像显示提供清晰的战场情况。

同红外告警相比，紫外告警具有虚警低，不需低温冷却、不扫描，告警器体积小、重量轻等优点。目前，紫外告警设备已发展成为装备量最大的导弹逼近告警系统之一。

光电告警设备应用装备部队

紫外告警是利用"太阳光谱盲区"的紫外波段来探测导弹的火焰与尾焰。"太阳光谱盲区"是指波长在220～280纳米的紫外波段，这一术语来自下列事实：太阳辐射这一波段的光波几乎被地球的臭氧层所吸收，所以"太阳光谱盲区"的紫外辐射变得很微弱。这样，由于空域内太阳光等紫外辐射的能量极其有限，如果出现导弹羽烟的"太阳光谱盲区"紫外辐射，那么就能在微弱的背景下探测出导弹。因此，"太阳光谱盲区"的紫外告警就为反辐射导弹逼近告警，提供了一种极其有效的手段。同微波雷达相比，

安有紫外告警设备的飞机

WUSHENG DE ZHANCHANG:DIANZIZHAN

激光雷达有更高的分辨率、更远的作用距离和良好的抗电磁干扰能力，因此是反辐射导弹告警的重要技术手段。

反电子侦察技术：雷达系统生存的"金刚罩"

反电子侦察技术包括雷达组网技术、双基地雷达技术、分置式雷达技术、低截获概率雷达技术、降低雷达发射天线旁瓣、背瓣的电子技术、雷达发射功率时间控制技术和雷达扩频技术等。利用反辐射导弹被动雷达导引头的分辨角比较大，测角精度比较低，雷达组网可有效防御反辐射导弹。

雷达网工作时，可组成两点源（多点源）干扰，以引偏反辐射导弹。雷达还可以安装在机动车辆上，迅速转移工作地点，可以采用C3I防空系统雷达组网技术，即在防空体系中，不同功能、不同体制、不同作用范围的各种雷达，或者采用同频、同体制雷达进行联网，由C3I系统统一指挥协调，网内各雷达交替开机、轮番机动，对反辐射导弹构成闪耀电磁环境，使跟踪方向、频率、波形混淆。组网的关键，在于各雷达站严格同步、指挥中心处理信息和坐标归一化能力。

反电子侦察

双基地雷达是一种将发射机与接收机以很大距离分别部署的雷达。这种雷达可以把发射机设在离前线几百千米的后方，把无源接收机部署在离前线较远的地方。在这种情况下，双基地雷达发射机（可以用载机）离战斗地区足够远，所以对反辐射导弹的袭击就安全得多。加之接收机是无源的，用一般的电磁设备无法检测到它，用干扰机也干扰不了这种双基地雷达。

设法使雷达信号不被截获，就可使雷达免受大量已知威胁的破坏，这

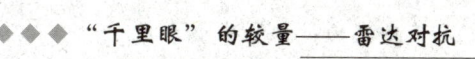

就是研究低截获概率雷达的目的。低截获概率雷达通过许多综合手段可避免被发现，从而实施有效对抗。

软杀伤技术：反辐射导弹的"烟雾弹"

软杀伤技术包括有源和无源诱饵诱骗反辐射导弹。主要是使用激光致盲武器对反辐射导弹进行软杀伤；使

双基地雷达——美国巨型雷达阵

用人为的有源干扰，扰乱导引头上的电子设备；用有源干扰提前引爆反辐射导弹引信；使用核脉冲导弹，将反辐射导弹的电子线路冲击坏。在雷达周围一定距离，设置有源假目标以引偏反辐射导弹，可用两点非相干源，其诱饵辐射源的工作频率、发射波形、脉冲定时及扫描特征等与雷达发射机完全一致。或采用相干两点源，使诱饵辐射源辐射信号与雷达辐射信号构成一定的相位关系，如180°，时差可由计算机根据阵地配置和目标来进行调整，使真假辐射信号到达反辐射导弹导引头。

为了防止反辐射导弹的进攻，也可升高雷达天线，在一定距离上放置反射雷达波束的金属带，放置金属带的距离应与箔条反射体的距离相当。早期的反辐射导弹多采用无线电近炸引信，新型反辐射导弹普遍采用激光近炸引信。另外，反辐射导弹还采用被动导引头与电视和红外导引等复合制导技术。所以，可在雷达和反辐射之间投放专用介质，造成反辐射导弹的导引误差。

反辐射导弹具有激光近炸引信等光电装置，所以采用激光致盲武器可对其实施软杀伤。近年来，在激光武器的研制中，激光致盲武器因其造价低、能耗小、技术难度小而异军突起，发展较快，已成为最先装备部队的激光武器。

硬摧毁技术：反辐射导弹的"终结者"

硬摧毁技术包括使用防空武器，如歼击机、防空导弹和高炮摧毁反辐

无声的战场：电子战

核脉冲导弹的构造

射导弹；使用高能激光武器摧毁反辐射导弹；使用射束武器摧毁反辐射导弹；用火炮密集阵拦截反辐射导弹。采用歼击机和防空导弹可对载机进行拦截，在其未发射反辐射导弹之前就将其击毁。同样，可采用反导导弹和高炮摧毁反辐射导弹。

高能激光武器具有快速、灵活、精确、抗电子干扰和威力大等优点，是对付精确制导武器、空间武器，以及遏制大规模导弹进攻的战术与战略防御武器，对未来战争将产生重大影响。虽然高能激光武器的研制费用高，但其使用费用很低。在作战效果相同的情况下，高能激光武器每发射一次仅需几百到几千美元，而一枚"爱国者"导弹则高达数十万美元。所以，高能激光武器以其高效费比和良好的应用前景，促使世界各国投入巨资竞相研制。

高能激光武器主要由高能激光器、精密瞄准跟踪系统和光束控制发射系统组成，其特点是"硬杀伤"。主要有化学激光器、自由电子激光器、X射线激光器和准分子激光器等。

◆◆◆ "千里眼"的较量——雷达对抗

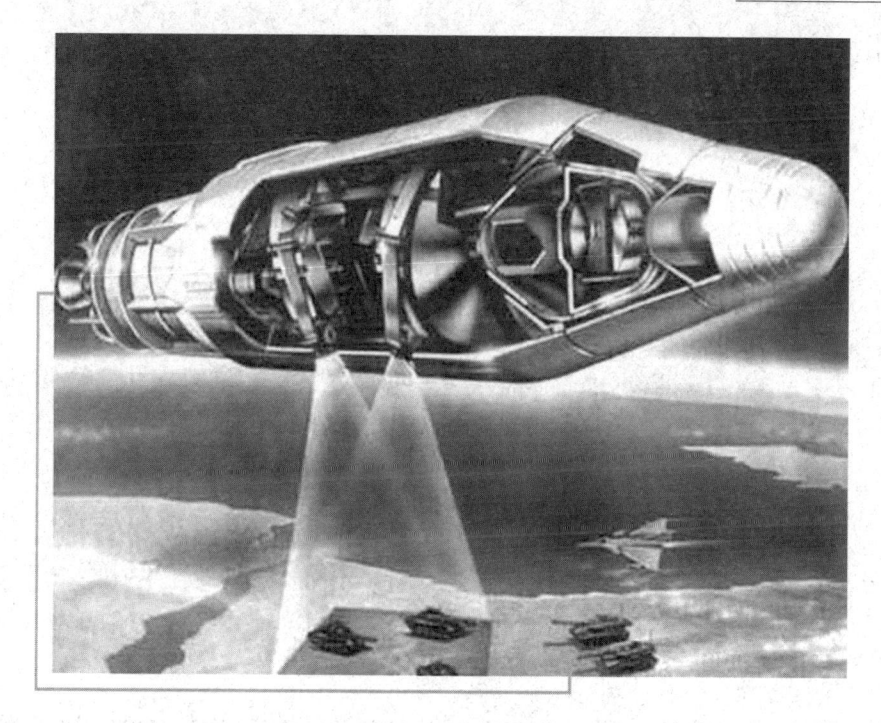

高能激光武器的构造

采用火炮密集阵拦截反辐射导弹，也是一种比较有效的防御措施。例如，外军的密集阵系统，其发射的炮弹可形成一个扇面，足以拦截各种来袭导弹。

"顺风耳"的时代——通信对抗

从电子战的第一战说起

电子对抗第一战

最早的电子对抗实战并不是发生在军事思想比较活跃、科学技术比较发达的西方国家，而是出现在东方世界，在1904年到1905年的日俄战争中诞生了电子对抗。

1904年2月，爆发了日俄战争。1904年3月8日，日本和俄国两个国家为了争夺我国的领土，展开了一场争斗。1904年4月14日凌晨，日本装甲巡洋舰"春日"号和"日进"号炮击俄军在旅顺港的海军基地。为了有的放矢，提高命中率，日军派出一些小型船只靠近岸边观察弹着点，并且用无线电通信向舰上报告射击校准信号。俄军的一名无线电操作员偷听到日军的信号，马上用火花发射机进行电磁干扰，使日军通信中断。日军炮击只给对方造成很少的损失，只好停止炮击，暂时撤离旅顺港。

不久，俄国的波罗的海舰队，在罗泽斯特文斯基中将的统率下，59艘军舰从芬兰湾的利耶帕亚启航，浩浩荡荡驶向海参崴港，于1905年5月中旬进入中国东海领域。以东乡平八郎为司令的日本海军联合舰队，集结埋伏在朝鲜海峡南端的马山海湾，严阵以待，誓死与俄军决一雌雄。当时日军比俄军更有效地、大量地使用无线电，监听俄军舰队的无线电通信，并

◆◆◆ "顺风耳"的时代——通信对抗

电子战的第一战——日俄战争

借用商船实施侦察，然后通过无线电报通报俄军舰队的编队、位置、航向和航速等情报。俄军舰队也努力使用无线电，不过他们更多地采用隐蔽措施，防止泄露秘密，暴露舰船位置。舰队无论到哪里，都尽可能保持无线电静默，同时监听日军的无线电信号，很少实施干扰。本来俄军"乌拉尔"号巡洋舰曾计划对日军实施干扰，但请示罗泽斯特文斯基司令时，被断然否决了。这样，日军舰队继续积极地进行通信对抗，对俄军舰队的一举一动了如指掌。

常言道，被动就要挨打，积极才能取胜。1905年5月27日13时30分左右，俄军舰队如期出现在日军伏击圈中，遭到东乡平八郎指挥的联合舰队猛烈袭击，59艘军舰溃不成军，一艘一艘葬身于大海之中。最后俄军军舰被击沉19艘、被俘7艘，死伤官兵11000余人；而日军仅损失5艘小型舰艇，死伤官兵700余人。

在日俄战争中，双方采用了无线电监听、无线电静默和无线电干扰等通信对抗，尽管手段比较简单，对抗设备水平不高，对抗战术不很灵活，然而它却是人类有史以来的伟大创举，标志着电子对抗从此跨进了现代战争的门槛，显示出强大的生命力。

寻找幽灵的踪迹

日俄战争之后，电子对抗像幽灵一样在世界各地游荡。1908年，奥地利通过侦破意大利的无线电通信获取重要情报，并有针对性地制定外交政策。1911年，正当意大利同土耳其交战期间，奥地利在几百千米之外侦察他们的无线电通信，从而掌握了双方的军队调动和作战情况。法国在第一次世界大战前几年，也偷偷侦察各国大使馆同本国的无线电通信，将获取的情报进行分析，及时掌握各国的动向。英国也建立了专门通信侦察机构，积极活动，破译各国军用无线电通信。

电磁波到底从哪里来？对方的电台设在何处？这是当时各国进行电子对抗必须解决的问题，只有解决了这两个问题，才能了解敌人的兵力部署和作战企图，为制定作战方针，定下作战决心，拟制作战计划提供有力的依据。

1906年，美国在煤船上试验最原始的无线电测向机，尽管它的能力非常有限，测向误差较大，但是它的作用非同一般。美国海军装备局局长在写给海军部部长的一封信中给予高度评价。他写道："这次试验的结果表明，这种系统的发展对于海上舰队的安全具有深远的意义。因为可以用它来测定敌舰的方位，所以它能在海战中担负一个重要角色。"

不久，意大利科学家阿尔托姆研制成功贝利尼—托西无线电测向机，它能测定中波和长波无线电发射台的方向和位置。马可尼公司研制成功的电子管，进一步完善了阿尔托姆发明的测向机，大大提高了测向机的灵敏度。1914年，这种测向机已经进入实用阶段。1915年，英国皇家海军开始在英格兰东海岸建立许多测向站，可以在北海海域内，对任何使用无线电的飞机和舰船定位。法国也擅长使用这种测向机，对敌人的飞机和舰船定位。尽管当时测向机只装备到大单位，数量有限，但是它在第一次世界大战中发挥了重要的作用。

1916年5月31日，在日德兰半岛战斗打响之前，英国海军上将亨利·杰克逊就利用了测向机测定德国舰队的方向，正确指挥部队行动。1917年4

月，在美国海军上将罗德曼指挥的舰队中，有些驱逐舰装备了测向机。他们用这些测向机测定敌潜艇的方位，及时指挥猎潜艇大队和护航大队作战。

1941年，德国军事情报机构侦收到500多份密码电报，但破译不出来，他们意识到敌人有一个间谍网在工作。实际上是苏联派出许多间谍前往西欧，组成绰号叫"红色管弦乐队"的间谍网，携带精良的短波无线电台，每天晚上工作4～5个小时，及时将获取的大量情报发往苏联。由于电台不断更换位置，再加上德国的测向机精度不高，不能立即测出秘密电台的准确位置，柏林的纳粹头目十分恼火，限期他们的侦察机构破案。1941年12月13日夜间，秘密电台长时间在一所建筑物里工作，结果被德国测向机测定出具体位置，苏联间谍人员和电台被德国士兵当场抓获。

实际上，用测向机确定敌方无线电发射台的具体位置比较方便。通常用两部以上测向机设置在不同地点，对敌一发射台同时测向，并计算出方位角，尔后在地图上按方位角交会，两条测向线的交点就是敌发射台的准确位置。

发生在科索沃的通信对抗

北约轰炸南联盟时，美国把它的战机派往那里，包括现役主力战机F-15、F-16、F/A-18等等，也包括代表下个十年实力的F-117A、B-2；不惜大费周折让它的核动力航空母舰战斗群驶往出事海域……他们需要让自己的武库运转起来，他们把巴尔干当成了又一个现代兵器试验场。

在这个过程中，有一项实验变得越来越重要，这就是C3I，即指挥、控制、通信和情报系统，它几乎是现代军队大脑与中枢神经的集合。它包括两个侧面，首先要保证己方拥有完善而高效的C3I系统，同时尽一切可能削弱和压制敌方的C3I系统，因而就出现了C3I对抗。由于通信是C3I系统中的纽带，尤其是防空指挥系统的关键要素，所以通信对抗是C3I对抗的重要组成部分。

像在此前的数次武装冲突中一样，西方国家在科索沃依然是采取由飞机和海基巡航导弹构成的外科手术式行动，而其手术刀依然是首先切向敌方的C3I系统。在前几个波次的空袭中，北约一直将南联盟的指挥控制中心作为重点目标。但从连续轰炸10余天后，南联盟仍能不断击落北约飞机这一惊人事实看，表明其C3I系统的运转并未失灵。显然，北约远不像在伊拉克那样得心应手。

北约特别是美国在科索沃空袭中实施的电子战，主要包括雷达对抗和通信对抗。下面我们就以通讯对抗的角度来看一下这场战争。

从美军投放到科索沃的兵力看，其电子战装备的部署是全方位、多样式的。其中，E-2"鹰眼"舰载预警飞机盘旋于防空武器射程之外，身兼了望塔、指挥所、通信枢纽三任；EA-6B"徘徊者"电子战飞机跟随空袭机群突防，但一般不抵近目标，而是在一定距离外进行强有力的电磁辐射干扰，压制敌方的雷达和C3I系统，支持己方攻击机群，这种飞机上除装有电子侦察和干扰设备外，还加挂了反辐射导弹，必要时可直接对电磁辐射源进行攻击；EC-130H"罗盘呼叫"C3I对抗飞机，是由C-130"大力士"运输机改装而成，机舱宽敞，适合装载多种电子战设备，专门对敌通信和指挥控制系统实施大功率的压制干扰。

此外，美军还有EF-111A电子战飞机、UH-60A"快定"通信对抗直升机、F-16D"野鼬鼠"电子战飞机等。像F-117A"夜鹰"隐身战斗机、B-2隐身轰炸机本身就具有电子战功能，而其它参与空袭的飞机也可以加挂电子战干扰吊舱。

美军通常会采取的C3I对抗手段还包括，发射专用无人飞机、飞艇或假目标等，从而侦察、欺骗、干扰，甚至攻击南联盟的C3I系统。

与此同时，美军的卫星通信与侦察系统也在紧张地工作，以保证己方的全球指挥控制系统不受空中和地面交火的影响；美军的全球导航定位系统（GPS），可以使大到航空母舰，小到单兵的任何作战单元都能随时与最高指挥层保持联络。美军还有一种十分方便灵巧的通信干扰方式，即投放式一次性干扰机，它通常由飞机或火炮投放到敌方区域，落地后自动伸出天线工作，一般采取全频段阻塞式干扰，并具有定时自毁功能。

纵观北约这次在科索沃的行动，尽管飞机屡被击落，尽管用于电子战及C3I对抗的武器装备本身造价昂贵，但可以想象，如果没有这些装备的支援，在训练有素并握有俄式防空兵器的南联盟军队面前，北约飞机的战损率还会高得多。

美军在其中的教训会相当刻骨铭心，特别是在 C3I 对抗方面，近几十年来，由于对手的竞争力减弱，所以美军装备的升级与更新速度实际上也在放慢，其现役主力装备基本上还是当初海湾战争时的水平。加之美军在技战术上的自大与轻敌，导致了它在科索沃陷入窘境。不可一世的 F-117 隐身战斗机被老式导弹击落就是一个明证，同时这无疑成为电子战通讯对抗中的一个典型战例。

浅谈通信对抗

无线电通信对抗，是敌对双方利用普通的无线电通信设备及专门的通信对抗设备，在无线电通信领域内进行的电磁斗争。目的在于截获敌方无线电通信情报，阻碍或削弱敌方无线电通信，保障己方无线电通信设备有效地工作。

认识在战争实践中加深

世纪之交，海湾的硝烟，科索沃的烽火，在引起人们对未来战争发展模式和走向深深思索的同时，也对通信对抗在战争中的地位和作用有了更深刻的认识。

要了解什么是通信对抗，就要从无线电通信说起。

无线电通信是个耳熟能详的名词。遨游太空的飞机、奔驰原野的坦克、乘风破浪的军舰、潜航大洋的潜

无线电通信装置

无声的战场：电子战

艇，哪一样都离不开通信，通信技术的发展可谓一日千里。海湾战争的头一天，美、英、法等国出动了1300多架次飞机，在夜暗掩护下，对伊拉克上千个目标实施了高密度、高强度的轰炸。可是人们不禁要问：在数百万平方千米的广阔战区，是靠什么协调指挥七八个国家的70多万陆、海、空军战役行动的？

原来，他依靠的是叫C3I的系统作为指挥核心。这个系统集指挥、控制、通信和情报为一体，其中的通信系统就像一个看不见的链条把探测系统、指挥中心紧紧地连在一起。这个系统主要由探测系统、指挥中心和通信系统三部分组成，分为战略和战术两大类：战略C3I系统包括战略预警系统、指挥中心和战略通信系统，通过多种通信手段提供信息传输交换，包括通信卫星、国防气象卫星、全球定位卫星系统、高频单信道地面与机载无线电系统等。战术C3I系统是指战区级以下战术部队使用的系统，包括陆、海、空军的战术C3I系统，它多种多样，有分有合。战术通信系统如美军的"TRI-TAC"，英军的"松鸡"系统，法国的"里达"系统等。通信技术也用于精确定位和制导，如美军的"战斧"巡航导弹等在采用全球卫星定位系统（GPS）制导技术后，命中精度大大提高。可以说，没有C3I系统，就没有现代化战争。C3I系统使人所描绘的"运筹于帷幄之中，决胜于千里之外"的比喻成了现实。然而，有了它也不等于就拥有了一切，有矛

C3I系统为指挥的核心

就有盾，有通信就有通信对抗。

信息战具有明显的双刃性

"祸兮福所倚，福兮祸所伏"，占据信息优势的一方，虽然易于获取进攻的主动权，但是对信息技术的依赖性也更强，通信中断所造成的后果也更加严重。破坏、干扰对方的信息传输，同时保证己方信息流的畅通，这是通信对抗的目的。

通信对抗可分为通信侦察、通信干扰和反干扰。

通信侦察是指搜索、截获敌人的通信信号，给干扰机提供所需要的信息。通信侦察不仅要分析对方电台信号的频率和其他一些参数，而且要用交叉定位的方法测定对方电台的方位，给通信干扰提供情报。它的历史可

截获敌人的信号——通信侦察

追溯到第一次世界大战前，当时有的人出于好奇，用频率相同的电台窃听敌方通话，或者发频率相同的信号干扰敌方通信。当时，虽然没有明确地作为一种作战手段，实际上已经是电子战的萌芽了。到了第一次世界大战，就出现了专门的电子对抗人员并走向了专业化。在第一次世界大战中，英军窃听到德军飞艇要轰炸伦敦，便利用无线电欺骗技术，诱使德军的飞艇迷失方位而被击落。这便是通信对抗的成功之作。

"制高点"争夺日趋白热化

在日常生活中你会发现，当一个人和你说话时，你能听得见；但当多个人同时和你说话时，你反而什么也听不清。简单地说，通信干扰用的就是这个原理。它用频率相同的干扰信号阻塞敌方的通信，或施放频带很宽的干扰噪声减弱敌方的通信能力。在作战中，针对敌方各种无线电通信装

备，用各种不同的侦察干扰装备来对付。它们工作在不同的频段上，从各种作战平台上对敌方通信进行着缜密的侦察和强烈的电子干扰。如：用侦察卫星、通信干扰飞机、电子侦察船、通信干扰车、通信干扰无人机、背负式干扰机、摆放式干扰机等。还有干扰短波通信的装备，干扰超短波通信的装备，干扰中继通信的装备和干扰对流层通信的装备等。在科索沃战争中，美军动用了3架EC-130H专用通信干扰飞机，它们轮流升空压制南联盟的指挥通信，导致了南军陷于被动境地。

电磁优势是高技术条件下战争的"制高点"。这方面，高技术的竞争达到了白热化的程度。干扰与反干扰围绕着时间、空间、频率、调制样式、网络结构进行着你死我活的斗争：通信方采用跳频技术不断改变发射频率，躲避对方的干扰；干扰方则实时截获和监测，快速改频，跟踪干扰。通信方采用扩频技术，降低频谱幅度，把信号藏在"噪声"里；干扰方则采用"相关处理"技术，提取和干扰其信号。通信方综合采用扩频和高速跳频技术；干扰方则采用"多频点拦阻式干扰"。通信方采用"自适应天线技术"控制电磁波发射的方向；干扰方则加大功率从天线旁瓣干扰或采用分布式干扰。通信方不断变化信号样式；干扰方则针对不同调制方式采用自适应干扰。通信方改树形通信结构为网状结构，不断改变信息传输路径以提高抗毁性；干扰方则针锋相对，追踪和攻击其网络节点……

道高一尺，魔高一丈

矛越来越锋利，盾也越来越坚固。当前，武器装备正在向精确化、智能化、远程化、小型化和信息化方向发展，数字化部队和数字化战场建设应运而生，电子战一体化作战体系新概念正在形成。

今天，高技术的竞争已经引起了未来作战空间和作战模式的根本性变化。许多军事专家认为，19世纪是海战，20世纪是空战，21世纪是电磁战。

电磁战场已成为继陆、海、空、天之后的第五维战场，"未来战争没有制电磁权，就没有制空权；没有制空权，就没有海上、地面作战的主动权"。目前，一方面包括指挥、控制、通信、计算机、情报、监视与侦察在

◆◆◆ "顺风耳"的时代——通信对抗

内的 C4ISR 系统正在不断发展和完善，各部队、军种，各作战平台和战斗勤务系统将实现信息互通和共享，信息传输和交换将更多地依靠卫星和空中平台实现。另一方面，通信电子战技术发展的重点之一，是积极有效地干扰卫星通信，阻断其信息链，从而切断武器装备的信息传输。

人类的智慧孕育的信息化军队，就像一个怪物，指挥控制中心是它的头，各种飞机、潜艇、坦克等作战平台等是它的腿，各式火炮、导弹、火箭等是它的拳，预警和成像侦察卫星、雷达、夜视器材、声呐等是它的眼，情报系统则是它的耳，而通信系统就是它的神经。人类的智慧同样会创造出相应的对抗办法，使通信系统失灵。神经系统失灵，就可能两眼失明、双耳失聪、手脚不便，严重时则全身瘫痪，甚至变成"植物人"。总之，在"电磁战争"的时代，通信对抗作为一个看不见的"杀手"，将神秘地影响战争的进程和结局，占据越来越重要的地位。

电磁战场已成为第五维战场

"电子耳目"——无线电通信侦察

信息战场"电子耳目":通信侦察

自无线电通信手段在军事上运用以来,围绕其展开的干扰与反干扰、破坏与反破坏便一刻没有停止。而实施干扰与破坏的前提,是做好通信侦察。通信侦察不仅能有效地破坏敌作战指挥信息传递,而且在情报获取及对敌方实施"斩首行动"上,也会收到意想不到的奇效。

通信侦察可分为战术与战略通信侦察。战术通信侦察主要针对敌战斗指挥部之间的通信联络,频率范围从短波到超短波,侦察的实时性要求较高,一般以技术侦察为主。战略通信侦察的对象是敌战略通信,其侦察范围包括陆、海、空、天的全球角落,主要是对敌军事指挥中心和战区指挥部之间及与执行特殊任务的作战部队间的通信联络实施侦察,频率范围从短波、超短波至微波,一般以通信情报侦察为主。

信息战场"电子耳目":通信侦察

"战场搜索":通信信号截获

无线电通信是利用无线电波在空间传播的特性,传输声音、文字、图像和其他信息的。无线电波在空间向四周辐射的特性,既实现了无线电通信,又使无线电通信对抗侦察成为可能。

通信信号截获主要是对战场敌方通信信号进行搜索,主要包括信号频率、电平、调制方式、信号带宽、数字信号的码元速率及其他调制参数。

目前应用比较广泛的通信侦察搜索机是全景显示搜索接收机，其功能是在预定频段内能快速搜索频率并截获出现的通信信号。在"全景显示"信号方面，可以全频段显示，也可以部分频段或对预置频率显示，还可以对某一信号进行扩展显示等。

信息化战争中，由于战场态势瞬息万变，信息传递时效性很强，导致情报信息变换快，无线电信号留空时间短暂，这就要求通信搜索截获设备反应必须快速，其衡量性能主要指标有：测频准确度、信号选择性、侦察搜索距离等。通信信号截获，是通信侦察的重要一步，完成通信侦察和电子进攻任务，还需要有其他相关设备的密切配合。

"敌情判断"：通信信息解析

对搜索截获到的无线电信号需要辨别敌我，实施信息分析、获取情报。在无线电通信系统中，通信信号所传送信息种类很多，通常有电话、电报、图像、数据等，而通信侦听分析接收机就是根据它们的特点，从电磁信号上可区分为离散信号和连续信号，也就是数字信号和模拟信号；从信号调制方式上，可区分为模拟调幅、模拟调频、数字调幅、数字调频等。

目前，世界上几乎所有国家都在不断地更新与改进本国的通信装备，其通信电台种类和型号特别繁多，就是同一频段、同一用途的通信电台也是各种各样。所以，要求通信侦察监听设备必须能够监测和识别这些特征。通信侦察监听的任务，就是一方面听敌人讲了些什么，即战术方面的情报；另一方面要搞清敌人用了什么样的通信装备，以及这些装备的数量与参数，即技术情报等。1943年3月第二次世界大战期间，英军设在阿拉曼的无线电侦听站侦获了德国将军关于火箭发射的秘密，结果英军出动569架轰炸机突袭摧毁了德国火箭试验和生产基地。

"攻击定位"：通信枢纽测向

任何一种电磁辐射，都带有方向性，用适当的测量方法就可以提取到它的方向信息。用无线电技术手段确定无线电辐射源方向的过程，称为无线电测向或无线电定向，而用这种手段确定无线电通信辐射源的方向的过程，称为无线电通信测向或通信枢纽测向。通信测向在非军事方面的用途主要有：航空与航海导航、应急信标定位、应急搜索与救援、空降救援、野生动物跟踪、无线电定位标志、无线电监视、非法电台定位、人员与车辆定位、电波传播研究等。而通信测向在军事领域里的运用是现代战争电子战的重要内容，一方面它为通信网台侦察识别提供信息，通过对敌方通信辐射源的测向定位，为通信网台类型的分选、识别提供重要依据；另一方面，通过现代通信高精度测向定位技术测定目标，使己方能够对敌通信枢纽和指挥系统实施电子干扰和精确火力打击。

随着现代电子技术的高度发展，通信频段内的信号数量已接近饱和程度。民用通信、军事通信、广播、电视、业余通信、工业干扰、天电干扰相互交错、重叠，使得对未知信号的搜索、测向变得像大海捞针。特别在军事通信中，往往采用猝发通信方式、快速通信方式以及跳频、扩频等新型抗侦察通信体制，使通信侦察变得十分困难和复杂。因此，未来通信侦察必须从技术上解决对通信信号的快速截获、快速识别、快速分选和精确定向问题，使之朝着宽频带、数字化、高精度以及多平台、多手段综合一体化迅猛发展。

军事上的隐秘杀手——无线电通信干扰

无线电通信干扰是靠发射干扰电磁波，破坏和扰乱敌方无线电通信的战术技术措施。无线电通信干扰按干扰的作用性质，可分为压制性通信干扰和欺骗性通信干扰两类。

压制性通信干扰是使用通信干扰设备，发射干扰电磁波，使敌方电子设备接收到的有用信号模糊不清或完全被掩盖，以至难以检测有用信号的电子干扰。按干扰产生的方法，分为有源压制性干扰和无源压制性干扰。有源压制性干扰是使用干扰发射设备发射大功率干扰信号，使敌方电子设备的接收机或数据处理设备过载或饱和，或者使有用信号被干扰遮盖。常用的干扰样式有噪声干扰、连续波干扰和脉冲干扰。噪声干扰是应用最广的一种压制性干扰。

◆◆◆ "顺风耳"的时代——通信对抗

无线电通信干扰

按干扰频谱宽度与被干扰电子设备接收机通频带的比值，可分为瞄准式干扰、阻塞式干扰和扫频式干扰等。发射强激光或用强光源照射光电设备，使光电设备的传感器致盲甚至烧毁，也是一种有源压制性干扰。

无源压制性干扰通常用来压制雷达和光电设备。对雷达的无源压制性干扰是在空中大量投放箔条等器材，形成干扰屏障或干扰走廊，掩护己方部队的作战行动。对光电设备的无源压制性干扰则是施放烟幕、水雾或其他消光材料，阻断光电设备对目标的探测和跟踪。压制性干扰是一种暴露性干扰，施放时，易被敌方电子设备察觉。

下面我们介绍根据干扰的频谱宽度不同分为的瞄准式干扰和阻塞式干扰。

瞄准式干扰是针对敌方无线电通信的一个确定信道施放的干扰，干扰频谱仅占一个通信信道的频带宽度。瞄准式干扰的频率重合准确度高，能有效利用干扰功率，可采用最佳干扰样式，且不影响其他信道中的己方通信和侦察，但需要进行精确的频率引导。精确引导的关键是频率重合技术。频率（或频谱）重合技术是保证施放的干扰频率（频谱）与敌通信信号频率（频谱）重合，有人工和自动两种方法。随着数字集成技术的发展，常采用数字自动频率瞄准法，即运用引导接收机准确测定敌通信信号的频率，并以数字码的形式寄存。当干扰时用该数字码自动控制干扰机的频率合成器，实现干扰与信号频率自动重合。当发现敌方通信信号技术参数（频率、调制方式等）改变时，可及时引导干扰机跟踪敌信号进行干扰；当敌方通信信号消失时，即停止干扰。

阻塞式干扰，亦称拦阻式干扰，它能压制在某频段内各个信道中的通信。按照干扰频谱又可分为连续阻塞式干扰和梳形阻塞式干扰。这种干扰的频带宽，能同时干扰该频段内多部不同频率的无线电电台，不需要频率重合装置。但是，阻塞式干扰的功率不集中，一般用于干扰敌战术分队的超短波电台。阻塞式干扰应具有宽阔的干扰频段、均匀的干扰频谱和足够的干扰功率。阻塞式干扰所需要的有效发射功率与电波传播方式、天线增益、发射频带宽度和敌接收机的频带宽度有关。

全频带阻塞式干扰

压制性通信干扰还可按电磁波的传播方式分为地波干扰、空间波干扰和天波干扰；按干扰的作用时间分为连续干扰、间断干扰和信号启动式干扰。

连续干扰是在敌方通信信号存在的整个时间内，连续发射干扰，对敌通信信号实施不间断的干扰。这种干扰效果好，但隐蔽性差，容易被敌方侦察定位而遭受火力摧毁。因此，连续干扰一般在运动中使用。

"顺风耳"的时代——通信对抗

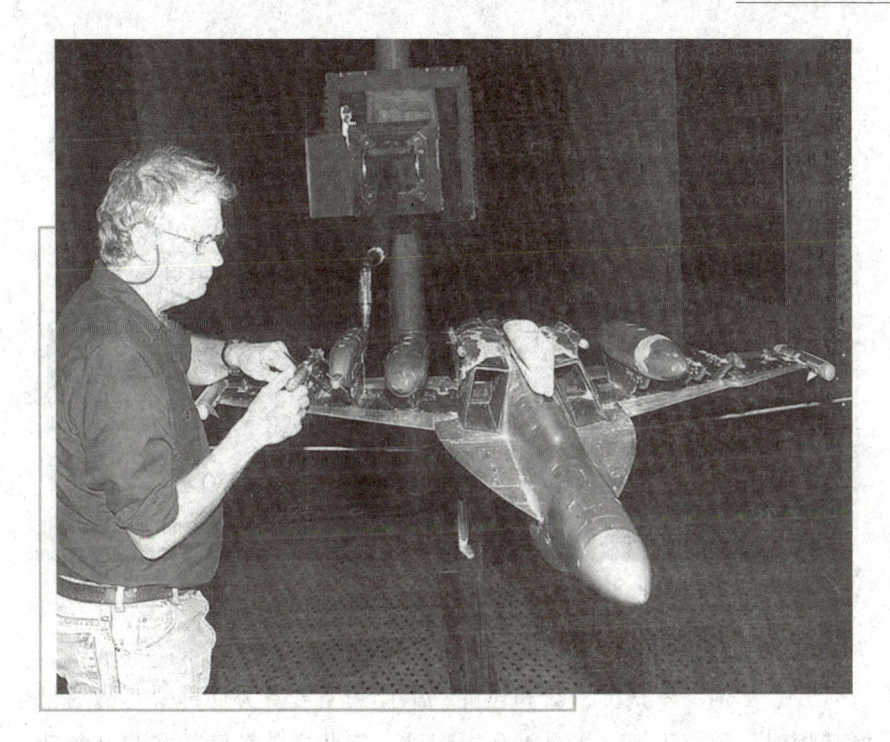

瞄准式干扰

间断干扰是干扰发射机和监视接收机在时间上交替工作。这种干扰能够随时监侧干扰效果和被干扰信号的变化情况。

信号启动式干扰是干扰机的接收设备一旦收到敌方通信信号,干扰发射机就立即施放干扰;敌通信信号一消失,干扰机即自动停止干扰。这种干扰比较隐蔽,且具有一定的迷惑性。

欺骗性电子干扰是使敌方电子设备接收虚假信息,以致产生错误判断和错误行动的电子干扰。按干扰产生的原理,分为有源欺骗性干扰和无源欺骗性干扰;按欺骗方式可分为伪装欺骗和冒充欺骗。伪装欺骗是变换或模拟己方的电磁信号,隐真示假,进行欺骗。冒充欺骗是冒充敌方的电磁信号,插入敌方信道,传递假信息,进行欺骗。对敌方电子设备的欺骗性干扰是针对电子设备的作战功能进行的。电子设备的作战功能不同,技术体制不同,所采取的欺骗干扰手段和样式亦不同。

通信欺骗对信号的要求很高,在信号调制样式、通信方式、通话语

电子干扰机

言、口音、音调、发报的手法和速度及工作频率等各方面都要与敌通信信号极其相似。稍有不慎，极易被敌方识破。因此通信欺骗的实施必须建立在对敌无线电通信实施不间断的侦察、充分掌握敌电台通联特点和通信资料的基础上，并且选择在敌方无线电通信处于混乱的情况时，短时间地进行。

无线电通信干扰的发展趋势是：
（1）扩展干扰频率范围和提高干扰功率；
（2）采用计算机和数字处理技术，提高自动化程度和自适应能力；
（3）发展具有侦察、测向、干扰等多功能的通信对抗系统，提高系统的波形、频率和功率管理能力；
（4）研究对扩频、跳频通信的干扰技术。

无线电通信反侦察

无线电通信反侦察是电子防护的一个重要组成部分。
之所以如此，是因为电子攻击通常要以无线电通信电子侦察作为辅助

◆◆◆ "顺风耳"的时代——通信对抗

支持,特别是希望电子攻击能发挥最大效能的时候,更是如此。为了对某一部雷达实行干扰,需要利用侦察接收机测定雷达的工作频率和脉冲重复周期以及雷达所处的方位,从而控制干扰机在这个频率和方向上集中功率,取得最佳干扰效果。所以如果雷达采取某种防护技术,例如低截获概率雷达技术,让敌方难以发现雷达的存在,那么就起到了保护自己的目的。

无线电通信反侦察是电子防护的重要组成部分

现代四大无线电通信反侦察技术:

巧妙伪装,隐真示假

现代伪装技术是通过巧妙的伪装来隐真示假,蒙蔽敌方的侦察。1991年海湾战争中,以美国为首的多国部队为了制造在科威特东南部实施主攻的假象,以仿真坦克、仿真火炮与电子欺骗相结合的手段在这一地区"部署"了一支"师规模"的部队,而主力部队则向西转移了200多千米后才发起了真正的主攻。

在科索沃战争中,为了有效对抗美军的侦察,南联盟在空袭前便利用山地、丛林等有利地形将防空导弹、火炮、装甲车辆等目标藏入山谷或丛林,而将一些准备淘汰的飞机和经过精心伪装的假目标暴露在明处来吸引敌人的火力。

动静结合,欺骗侦察

现代侦察手段受距离、天候等因素的影响,对移动目标的侦察效果不是十分理想,这也为实施反侦察提供了一条"捷径"。

在科索沃战争中,北约军队空袭的攻击程序一般是目标侦察、数据输入、实景对照、实施攻击，这一过程至少需要几个小时的时间。因此，在抗击北约空袭中，南联盟军队充分利用了这个间隙，灵活机动地将导弹、火炮、装甲车辆等便于移动的目标随时进行转移，当北约飞机或导弹抵达目标空域时，北约卫星和侦察飞机原先发现的目标已不知去向，使得不少飞机不得不携弹返回。

避实击虚，主动攻击

现代战争封锁或切断敌方情报来源最有效的措施就是对敌方侦察部队和装备实施主动攻击或干扰，以攻代防。

在科索沃战争中，为了及时侦获敌机来袭情报，又要避免己方雷达遭受远程打击兵器和反辐射导弹袭击，南联盟军队的雷达通常采用及时预警、分段接力的手法，即使用远程雷达和近程雷达对敌机目标进行分时分段接力搜索，侦获目标后立即关机。在打击火力上，南军采用地面火炮和防空导弹结合，构成了较为严密的火力配置，给敌人造成相当大的损失。

真假并用，促敌"分化"

战争防御一方可以主动向敌侦察系统发送大量的虚假信息和无用信息，以达到削弱敌方侦察能力的目的。此外，大量真假混杂的信息能够干扰敌方的处理进程，还有可能诱使敌人得出不一致甚至是完全相反的判断。

在海湾战争中，以美国为首的多国联军在作战中便发现由于情报处理环节过于繁琐、各国情报系统互不兼容等因素，使情报效益大打折扣。美国中央情报局和国防情报局甚至一度对萨达姆总统入侵科威特的真实意图和进行战争的决心都无法得出一致的意见。

同样，在科索沃战争中，北约盟军在情报处理上依然存在这方面的问题。盟军的通信情报体制和装备存在诸多差异，造成盟军内部情报交流困难；此外，由于盟军情报来源广泛、缺少统一，多次出现各部门提供的情报相互矛盾、无法统一的情况。

逐鹿光电对抗战场

光电对抗及其发展

越战期间，美军使用炸毁清化大桥的激光制导炸弹，去轰炸河内附近的安富发电厂，而越南则利用发电厂四周的热气管道喷放大量蒸气，使整个发电厂雾气腾腾，导致美军的电视制导、激光制导炸弹不能精确地寻找到目标位置，几十枚炸弹无一命中，确保了目标安全，自此也揭开了光电对抗的序幕。

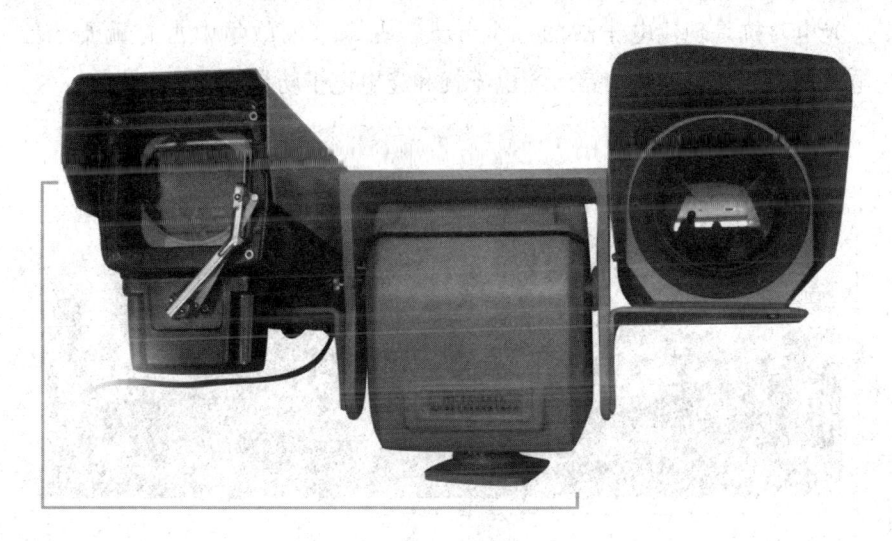

光电对抗侦察装备

无声的战场：电子战 ◆◆◆

光电对抗是指作战双方在光波频谱区的对抗。即一方利用各种手段破坏或削弱对方光电装备的作战效能，而另一方则采取相应的对抗措施消除干扰，加强防护，以保护己方的光电装备正常工作。光电对抗主要分为光电侦察告警和光电干扰，涉及激光、红外、可见光、紫外等技术领域，光电对抗技术随着精确制导武器的陆续装备，逐步发展起来。

激光制导炸弹的使用揭开了光电对抗的序幕

什么是光电对抗

光电对抗是指利用光电对抗装备，对敌方光电观瞄器材和光电制导武器进行侦察、干扰或摧毁，以削弱或破坏其作战效能，同时保护己方光电器材和武器的有效使用。

光电对抗是现代电子战的一个分支，在未来的战争中占有重要地位。光电对抗包括光电对抗侦察、光电干扰和光电电子防御三个基本内容。

光电对抗在未来战争中占有重要的地位

光电对抗的地位及作用

随着红外和激光技术在军事上的应用，特别是光电探测和光电制导技术的发展，光电对抗技术和装备在现代战争中发挥着越来越重要的作用，各军事强国在光电对抗领域的竞争也日愈激烈。有军事分析家预言："在未来战争中，谁失去制光电权，就必将失去制空权、制海权，处于被动挨打、任人宰割的境地；谁先夺取制光电权，谁就将夺取制空权、制海权、制夜权……"由此也可以认为，谁拥有了更先进的光电对抗技术和装备，谁就掌握了战场的主动权。光电对抗在军事上的作用主要表现在：

（1）为防御及对抗提供及时的告警和威胁源的精确信息

实现有效防御的前提是及时发现威胁。光电侦察告警设备能够查明和收集敌方军事光电情报，为及时采取正确的军事行动、实施有效干扰或火力摧毁提供依据。美军非常重视战场信息采集及综合处理技术的研究，已连续多年把它列为国防关键技术和重点研究内容，并且在大的军事项目中加以应用。

（2）扰乱、迷惑和破坏敌光电探测设备和光电制导系统的正常工作

通过有效的干扰使它们降低效能或完全失效，以保障己方装备和人员免遭敌方光电侦察、干扰或火力摧毁，为己方的对抗行动创造条件。光电干扰技术和装备作为对抗敌方光电探测和制导的有效手段，是各军事强国重点研究的内容。

光电对抗技术和装备的发展趋势

为了应对迅速发展和完善的光电侦察、火控设备以及红外成像、激光、电视、复合制导等光电制导武器，未来的光电对抗技术和装备将向综合化、一体化、多元化、立体化等方向发展。

（1）光电复合告警和综合干扰

随着光电干扰技术的发展，单一波段的光电设备很容易被干扰。光电复合告警装备能根据战术需要，对红外、紫外和激光等不同波段的光电威胁源进行复合探测和数据融合处理。多波段光电传感器的综合和多种光电

探测信息的融合，将使各类告警技术优势互补、资源共享，从而更好地发挥综合效能，提高探测识别的概率。

与之对应，光电干扰也将把多个单一的干扰设备有机地结合在一起，集红外光、可见光、激光、紫外光等多个波段于一身，集有源干扰和无源干扰手段于一体，同时通过对威胁源的分析和识别，确定最佳对抗方案和时机，从而达到最佳的对抗效果。如发展一体化的干扰火箭弹技术和系统，将各类不同干扰弹共架发射，可同时对付多种光电制导武器，实现资源的最优配置、达到最佳效费比。此外，美国等西方国家均在积极研制大面积、大载荷、高效能和宽光谱的面源红外诱饵、气溶胶烟幕及多波段隐身技术，可同时对抗来自敌方的红外光、激光、可见光、紫外光等各波段制导及成像制导的威胁。

（2）宽频谱、一体化光电对抗

未来战争中，采用单一波段的光电对抗设备来对抗多波段光电探测和光电精确制导武器是难以奏效的，必须采用可探测干扰各主要波段光电威胁的光电探测干扰一体化、软硬杀伤一体化的综合光电对抗系统，来对抗多类型、多目标、多批次的光电精确制导武器。因此，研究一体化综合光电侦察告警/干扰系统是今后主要的发展目标之一。如美、英等多方合作研制的定向红外对抗系统就是一种多光谱一体化的对抗设备，它采用紫外波段做导弹逼近告警，并可实施定向红外激光干扰。

（3）多元化的光电对抗

随着新能源、新材料和新技术的研究和应用，光电对抗手段更加丰富全面。新材料技术如致变色材料、智能型材料等逐渐成熟，新的干扰对抗手段和装备不断涌现，形成宽谱、高效的干扰体系。高能激光武器将成为"杀手锏"。新型光电探测技术使得光电侦察告警的精度和作用距离明显改善。各种抗干扰措施综合使用，将进一步提高武器装备的抗光电干扰效能。

（4）扩展光电对抗的空间

经过多年的发展，光电对抗装备的作战平台已经从陆基、海基向空基和天基发展。为了争夺制空权，美俄等国均在积极发展卫星技术的同时，利用激光技术研制反导和反卫星武器，即利用激光武器摧毁敌方弹道导弹、巡航导弹和卫星。美国近年来注入大量资金，加快战术激光武器、机载激光武器、天基激光武器、地基激光武器和舰载激光武器的研制。目前已经具备全面发展与部署各类激光武器的能力，并有望于未来十几年内陆续部署各类天基、机载和地基激光武器。此外，各类星载光电侦察、告警系统将大量使用。星载无源干扰、有源干扰、反干扰技术与系统也正在加速发展。

"电子眼"——光电对抗侦察

光电侦察和干扰技术是光电对抗技术的重要组成部分，用于压制和破坏对方光电制导武器、光电侦察设备和指挥通信系统，削弱对方的作战能力。

光电侦察，采用现代计算技术的光电侦察设备，可以自动截获、定向、分析和储存各种侦察到的信号，以便详细、快速查明对方光电辐射源的性质和位置，并选择最佳干扰方式，引导施放干扰。

光电主动侦察

光电主动侦察是利用被侦察的光电设备光学系统的逆反射特性进行侦察。向对方发射辐射能，不同的光学系统对其反射的特性各异。因此，根据逆反射特性便可侦测出对方光电设备的类型和性能。采用滤光探照灯进行搜索、捕获来自对方士兵的铜制品、吉普车的挡风玻璃或被动夜视设备（如双筒望远镜、步枪瞄准镜或照像机）的反射

光电侦察设备

光。通过这种询问，有可能辨别对方的设备；还可以发射变化的波长，根据反射的情况，确定对方设备的工作波长；根据光的增益的有无，能够确定对方是否在使用滤光探照灯。

光电被动侦察

光电被动侦察是利用探测器接收对方的光波辐射。例如，直接截获对方光电设备发射的主波束或旁瓣波束；利用目标或其他物体对光波的散射效应，截获对方光电设备的辐射；利用大气对光波的散射效应，截获对方光电设备的辐射。现代采用的光电探测器有半导体光电二极管、红外探测器和光电倍增管等。探测器接收到的辐射能量转变成电信号，经过放大和信号处理，从中获取对方光电设备的技术参数，如波长、带宽、重复频率、编码等，最后以声、光或数据形式报警，以便采取对抗措施。

激光侦察

激光是一种新型光源，具有亮度高、方向性强、单色性好、相干性强等基本特征。激光在大气中传输时产生大气散射效应。大气散射效应是辐射在大气中传播时偏离其初始方向而发生的散射过程。

各具特色的光电干扰

光电干扰是指利用各种手段破坏和干扰对方光电设备并使之失效的一种装备。光电干扰和射频干扰一样，也分为有源干扰和无源干扰两大类。有源干扰又称积极干扰或主动干扰，是利用光电技术装备发射和转发某种光频段的电磁波，来压制或欺骗对方的光电装备。光电有源干扰主要有压制性干扰和欺骗性干扰两种工作方式，前者包括致盲式干扰和摧毁式干扰；后者包括回答式干扰；诱饵式干扰和大气散射式干扰等。无源干扰又称消极干扰或被动干扰，它是利用本身不发射电磁波的器材吸收、反射或散射光波以及人为地改变目标的光学特性等手段，使对方的光电装备效能降低或受骗。光电无源干扰设备主要有光波吸收涂料、金属箔条、角反射器、烟雾、气悬体、悬浮体干扰物和伪装等。

干扰烟幕

干扰烟幕用于干扰对方红外、激光、微波等武器装备的使用效能的烟幕，是现代光电武器系统的一种新的对抗武器。

烟幕中含有大量的烟粒，能吸收、散射可见光、红外光、激光等辐射能量，使之衰减到光电探测器不能可靠工作的程度，从而切断光电系统与目标之间的瞄准线。

含有金属粉末的泡沫塑料、石墨粉末与金属丝等物质的烟幕，能更有效地对抗光电武器，以致使侦察系统致盲、通信中断、自动化指挥系统失灵。随着发烟技术的进步，现代烟幕不仅能干扰从可见光到近红外光区的目视观狈J瞄准系统、微光夜视装置、1.06微米波长的激光系统，而且能对抗中

干扰烟幕——新型对抗武器

红外和远红外成像系统、10.6微米波长的激光系统的探测器材、制导武器和定向能武器。

干扰烟幕按干扰对象的不同可分为干扰红外烟幕、干扰激光烟幕和干扰微波烟幕等。干扰激光烟幕可有效地减弱激光指示器发射的激光束或目标反射的激光能量，使激光寻的器探测不到激光信号；烟幕还可反射激光点，使激光寻的器误认为是目标。

干扰微波烟幕能有效地对抗微波雷达系统和微波制导导弹。如在烟幕装药中掺入一定比例的、长度不超过8毫米的金属丝或镀金属的纤维，可对8毫米波长以内的微波产生强反射，形成假目标，吸引这些波段的制导系统，从而使毫米波寻的导弹失效。

20 世纪 80 年代以来，干扰烟幕日益受到重视，取得了突破性进展。一些国家已研制出能有效对抗光电武器系统的发烟装备，并逐步形成系列。

散　光

用"散光"对抗红外线制导导弹的基本原理是从飞机上发出"散光"物体，它会离开飞机一定距离后"散光"，诱使红外线制导导弹改变方向对这个"散光"进行寻的。尽管"散光"比要保护的飞机小得多，但是它比飞机还要"热"，因此它辐射的红外线能量更多。导弹寻的器跟踪它视野内全部红外线能量的中心。由于"散光"有更多的能量，能量的中心点就靠近"散光"。又因为"散光"离开了要保护的飞机，致使导弹寻的器跟踪中心转移。一旦飞机离开了导弹的跟踪视场，导弹就跟踪上了"散光"。

较新的武器使用"双色"红外跟踪器，以克服热"散光"能量上的优势。背景物体，对于每种物质，其辐射能量对比波长有一条均匀的分布曲线。"散光"光谱辐射跟波长的关系与跟踪的飞机呈现的光谱辐射跟波长的关系，在曲线形状上有明显的不同，飞机呈现的温度也大大低于"散光"。通过对两种波长辐射能量的测量比较，就可以确定跟踪器正在跟踪的目标的温度。因此，"双色"红外跟踪能区别比较热的"散光"，并继续跟踪真实目标。因为需要测量，采用"双色"红外跟踪器就大大增加了系统的复杂性。为了欺骗"双色"红外跟踪器，可以使用很昂贵的有合适温度的物质作散光体，或者欺骗导弹传感器使得它在两个波段接收合适的能量比率。

"散光"的缺点在于它是消耗器，并且数量受限。又因为"散光"非常"热"，使用上存在着很大的安全风险——在民航飞机上是不能使用的。

红外干扰机

红外干扰机产生红外信号，这个信号对付制导武器中传感器产生的制导信号。红外干扰机提供类似于通过来袭导弹红外传感器调制盘的目标所产生的红外能量。当干扰信号和目标的调制能量信号都被导弹的红外传感器接收时，使得跟踪器产生不正确的制导指令。

要想成功地使用红外干扰机，需要测出被干扰的导弹寻的器的自旋信

红外干扰机能对付制导武器

息和继续调制频率的信息。这就需要用激光扫描导弹跟踪器来获得。红外探测器表面有反射性，透镜使激光有两种优点（在输入信道和输出信道都能被放大）随着调制盘在传感器上运动，反射信号的电平将变化。这样需用一个处理器，重建到达武器红外传感器其能量图波形和相位。一旦导弹的跟踪信号被确定，红外干扰机就可以产生误差脉冲图形，它将引起这些跟踪信号产生不正确的制导指令。红外干扰信号包括红外能量脉冲，它可以以两种方式产生：一种方式是闪亮一盏氙闪光灯或弧光灯；一种方式是时间控制的一团热材料（也叫"热砖"）曝光，机械光闸暴露"热砖"，产生需要的干扰信号。这两种技术都能在较宽的方位角上产生干扰信号，做有限"全方位"保护。

（注意，如果干扰机作用定位于保护目标摆脱导弹跟踪，那么这干扰机也可以作为信标以改善导弹的跟踪精度。）

红外诱饵和箔条

红外诱饵也可以引导红外导弹离开任何种类的被保护平台。为了最佳化地摆脱武器的跟踪，诱饵可以以固定方式工作，也可以以机动方式工作。如果诱饵的红外能量由固定或机动地面设施发出，辐射能量的多少又与红外导弹接收机接收辐射的能量相当，那么它可以使敌人的瞄准能力饱和而无法工作。

另外，用有着明显红外特征的材料也常由飞机或从军舰发射的火箭携带，对抗红外制导武器有与用射频箔条对抗雷达制导导弹相同的保护能力。红外箔条可以燃烧或冒烟，以产生合适的红外特征。也可以使用氙闪光灯快速增加它的温度达到合适的水平。由于箔云占有很大的几何面积，在对付一些种类的跟踪上更有效。像射频箔条一样，红外箔条也可用于冲破导弹锁定或增加背景温度，使目标截获更困难。

飞机施放红外诱饵弹

强有力的"保护"——光电电子防御

在敌方实施电子对抗的情况下，为保护己方电子设备和系统发挥效能而采取的措施是电子对抗的组成部分。而电子防御中的光电电子防御是最为突出的。光电电子防御在现代战争中的作用至关重要。作战双方对部队指挥、武器控制与使用，日益依赖各种光电电子设备和系统。没有良好的光电电子防御措施，一旦受到敌方的电子干扰，就可能造成雷达迷盲、通信中断和制导武器失控，给战局带来严重后果。

光电电子防御主要包括反光电电子侦察、反光电电子干扰和对反辐射武器的防护。反光电电子侦察，主要是防止己方光电电子设备的电磁辐射信号被敌方截获并从中获取情报，使敌难以实施有效的干扰和摧毁。主要措施有发射控制、辐射欺骗、信号保密和采用低截获概率体制的电子设备等。反光电电子干扰，是设法消除或削弱敌方光电电子干扰对己方电子设备造成的有害影响，分为技术反干扰和战术反干扰。

技术反干扰主要是提高光电电子设备本身的抗干扰能力，主要措施有防止接收机过载、提高信号强度和抑制（鉴别）干扰等。

战术反干扰是在技术反干扰的基础上采取的行动，主要措施有调整光电电子设备的配置、组网工作，多种手段综合运用，利用和摧毁干扰源等。

光电电子设备的操作人员训练有素，也是重要而有效的反干扰措施。对反辐射武器的防护主要是防止敌方反辐射武器对己方光电电子设备的摧毁和破坏，主要措施有设置诱饵辐射源进行欺骗，远置发射天线，控制辐射，多站交替工作和采用多基地技术，使用光电探测和跟踪技术等。

光电电子防御中的三个方面是密切相关的，有些措施既可作为反光电电子侦察措施，又可作为反光电电子干扰措施。光电电子防御涉及面很广，涉及各种光电电子设备以及操作和运用这些光电电子设备的人员和部队，从指挥员到具体操作人员都负有光电电子防御的职责。光电电子防御贯穿于战役、战斗的各个阶段。光电电子防御计划是电子对抗计划的重要内容，并应体现在作战计划中。各部队根据光电电子防御要求和所承担的作战任务以及军种、兵种的作战特点，拟制相应的光电电子防御计划，并由装备有各种光电电子设备的专业部队和使用光电电子设备的战斗部队，分别按阶段组织实施。在组织光电电子防御时应充分考虑己方光电电子设备的战场电磁兼容问题。

光电子技术将大显身手

光电子技术是以红外、微光、激光等光电子器件为基础，由光学技术、电子技术、精密机械技术和计算机技术等密切结合而形成的一项综合技术。它是光学技术与电子学技术的结合，利用光（光子）来接收、传输、变换、存储、处理和重现信息的技术，主要包括激光技术、红外技术、光纤技术、集成光学技术、光计算技术、光学传感器和显示技术等。

自 20 世纪 50 年代后期红外技术迅速发展以来，已出现各种夜视器材、红外侦察装置、红外制导系统、红外搜索与跟踪系统、红外告警器。自 1960 年第一具激光器问世以来，已研制出激光测距机、激光指示器、激光跟踪器、激光制导装置、激光通信装置、激光雷达、激光模拟器、激光致盲武器。光纤技术经过 50 多年的发展，已用于野战通信、飞机和舰船内部通信、光纤制导、光纤陀螺和光纤传感等。这些军用光电子装备有的自成系统，有的与武器系统配套，成为武器系统的核心或辅助部分，执行目标的测距、定位、测速、跟踪和瞄准，以及信息的接收、传输和处理，甚至直接作为武器。从目前各种武器装备上的光电子技术使用情况来看，其在军事上的主要应用范围可归纳如下：

用于侦察探测和目标识别

作为获取信息的重要手段，光电传感器具有很强的探测能力和目标识别能力，将被大量地应用于预警、侦察、监视、夜视、测绘、气象、水下目标探测和生化战剂探测等领域。在探测方面，主要是无源探测和有源探测。无源探测是以红外探测器、可见光 CCD 和紫外探测器对军事目标进行探测，包括各波段的点目标（点源）探测、红外和可见光成像、多光谱成像、红外测温、微量化学成分（化学战剂）的遥测等。有源探测以激光作为辐射源，用相应的光电探测器对目标进行探测。包括激光测距、测振、测速、成像、测云雨和风、测大气湍流和风切变、测大气污染和生化战剂等。其中，无源光电传感器没有电磁辐射，隐蔽性好，在军事上有特别重要的意义。光电传感器有时同其他传感器（主要是雷达）一道工作，相互补充，可以获取更多信息。例如，在 1991 年的海湾战争中，多国部队靠夜袭摧毁了伊拉克的一系列战略目标，各种作战飞机普遍装备了红外前视器是夜袭成功的重要保障。

直接用于武器的控制

重点应用于武器的火力控制、精确制导、近炸引信和光陀螺等。光电火控已普遍用于地炮、高炮和舰炮，是对付反辐射导弹的有效手段。光电

逐鹿光电对抗战场

光电制导广泛用于航空炸弹

制导广泛用于航空炸弹、各种战术导弹以及某些炮弹，使弹药长了"眼睛"，几乎百发百中。利用光电制导的高精度和目标识别能力，已研制成功智能化程度高的"发射后不管"的精确制导导弹。光电近炸引信具有抗电磁干扰性能，已推广应用。激光陀螺和光纤陀螺没有转动的机械，也不怕电磁干扰，可靠性高，起动快，已用于潜艇、飞机、导弹、车辆等武器。

用于各种网络和数据总线

由于光通信容量特大，没有电磁泄漏，也不怕电磁干扰，可用于军事干线通信网、野战通信网和武器平台内部的数据总线，包括光纤通信、激光大气通信和空间激光通信。空间激光通信可实现大容量信息传输，特别是图像信息的实时传输，是当前正在研究开发的热门，其关键技术包括长寿命高光束质量的激光器、高速调制技术、精密跟踪瞄准技术等。军用光纤通信从技术上看，同民用的没有多少区别。激光大气通信主要用于无线电静默期间近距（2千米内）通信。

应用于高技术局部战争

主要是用于光电对抗和激光武器，包括光电告警、红外干扰、激光干

平板显示器用于飞机座舱仪表

扰、激光致盲、激光反卫星武器、激光防空（反导弹）武器等。其关键技术包括高平均功率激光器、高功率激光发射光学系统、精密跟瞄技术、大气传输光学畸变的自动补偿（自适应光学）技术。由于精确制导武器的广泛使用，各种武器平台、军事设施和各级指挥所都必须对它进行防范。比如各种作战飞机必须加装对付空空导弹和地空导弹的红外告警器和红外干扰器或干扰弹。光电对抗也用于对付光电侦察。美军1997年10月首次试验用低功率（几十瓦）氟化氪激光器，使轨道高度为420千米的侦察卫星上的红外相机因信号饱和而失效。激光致盲武器虽属非致命武器，但威慑力很大。尽管已经制订了禁止使用专门针对人眼的激光致盲武器的国际公约，正在征求各国签署，但实际上不可能禁止将非专门致盲的激光器用于人眼致盲。

平板显示和光存储

显示器是重要的人机界面，在高技术局部战争中有着极其重要的地位。平板显示器由于轻、薄、工作电压低、省电、无几何失真、耐振动冲击等优点以及随着缺点（如液晶显示器不耐低温和视角小）的克服，正越来越多地用于军事装备，例如用于飞机座舱仪表、微型计算机和小型通信机。

美军"陆军勇士"计划中的多用途信息终端就有一个平板显示器，供单兵分享战场情报，基于液晶光阀的大屏幕显示用于高级指挥所等。在"虚拟现实（灵境）"中，高分辨率平板显示器起着很重要的作用。光存储可用于存储侦察到的情报、数字地图、后勤物资数据、训练教材和装备维修资料等，为情报侦察、作战指挥和训练、物资调配供应及装备维修提供充足、便于使用的大量信息。

对武器装备的影响

在最近几场高技术局部战争中，军用光电子装备在战争中发挥了重大作用。海湾战争中，激光制导炸弹能准确钻到伊拉克防空司令部大楼的烟囱；红外成像引导的"斯拉姆"空地导弹能从前一枚导弹打通的墙洞中穿过去击中发电站；夜视装置将黑夜"白昼化"，使美军屡屡在夜间发起攻击。展望未来，随着一些新兴电子技术或物化为全新原理的武器的产生，对武器装备发展将产生重大影响。

（1）武器装备的作战效能倍增

光电子技术应用于各种武器系统，提高了武器系统的探测精度、作用距离和抗干扰能力。例如，光纤通信技术使C3I系统的信息传输容量成千上万倍地增加，信号传输过程中的能量损耗降低几十至上百倍，系统的错误率成数量级地减少，抗干扰能力大大增强。红外焦平面可成百上千倍地提高探测目标的能力，二极管泵浦的固体激光器与灯泵浦的固体激光器相比，效率提高10倍左右。激光雷达可以十分有效地探测隐身飞机、巡航导弹和化学战剂。光纤陀螺的精度比静电悬浮陀螺的精度高100倍以上。

（2）提高武器系统的反应能力

目前电子计算机（1~10吉位/秒）已不能满足新型光电和红外传感器、电子战及水下监视系统对信息处理速度的要求。光学器件具有天然的并行处理能力，光计算速度可以较电子处理速度成数量级地提高。今后一二十年，传感器通信和信息处理中将越来越多地采用光电信息处理，以便提高武器系统的反应速度。

（3）可大大提高武器装备的费效比

光纤通信与铜缆通信相比，信息传输容量高10000倍，能量传输损耗低100倍、误差率低10倍，且尺寸重量大大降低，抗干扰能力明显提高，价格为每米几美分。海湾战争中"铺路"-Ⅱ激光制导炸弹的命中概率达70%，破坏效果与200枚常规无制导炸弹的相当，费效比提高4~5倍，红外热成像制导的空对地导弹从距离目标10千米的空中发射，可使第二枚导弹从第一枚打通的墙洞中穿过，激光训练模拟系统以低廉的费用代替实战系统获得了良好的训练水平。

（4）强化武器系统的综合作战能力，并使其体积、重量更小

随着光纤通信、光信号处理、光计算网络、光存储器一体化光学电子网络、光电集成电路逐步用于C3I系统，军事指挥、控制和通信的能力将大大提高，整体作战能力将大大加强。光电子系统具有固有的抗电磁干扰的能力，可增强武器装备的电子对抗能力。海湾战争中，伊军的指挥和通信系统几乎全面瘫痪，唯有地下光缆保持了与前方通信。光纤陀螺可使武器系统和自主式导弹的体积减小、成本下降（约一个数量级）。

由于光电子技术对武器装备的发展有深远的影响，使武器装备系统不断物化出新一代的武器系统。战术激光武器和战略激光武器正在取得突破性进展。激光武器的破坏效果已由一系列试验所证明。激光致盲武器可望21世纪上半叶装备部队，战术防空激光武器可能于2010年左右提供军队使用。

新兴的光电技术——军用激光技术

军用激光技术是应用于军事领域的一项新兴光电技术。主要研究受激光辐射的产生、传输、探测、与物质的相互作用及其应用。激光是利用光能、热能、电能、化学能或核能等外部能量来激励物质，使其发生受激辐射而产生的一种特殊的光。

激光原理是由美国物理学家肖洛和前苏联物理学家普罗霍罗夫等人在1958年提出的。1960年，美国物理学家梅曼制成第一台激光器——红宝石激光器。其后，又有多种类型的激光器相继出现，同时也开始了激光的应用研究。由于激光能解决传统光学和其他科学技术所不能解决的很多实际

问题，因而获得迅速发展和广泛应用。

军用激光技术的军事应用

军用激光技术的军事应用主要用于侦测、导航、制导、通信、模拟、显示、信息处理和光电对抗等方面，并可直接作为杀伤武器。已投入使用的军用激光技术装备很多，如激光测距仪、激光雷达、激光瞄准具、激光制导武器、激光陀螺、激光通信、激光训练模拟器、激光大屏幕显示系统、激光扫描相机、激光引信和激光致盲武器。

激光测距仪

激光测距仪是指用激光测定目标距离的装置。20世纪60年代初研制成功，1969年投入战场使用。这种装置已大量生产和装备部队，主要用于坦克、火炮、舰艇和飞机等的火控系统中，也用在军用航天器和靶场的测量设备上。其特点是测量速度快，精度高，可使武器的首发命中率提高到80％以上。自20世纪70年代以来，已生产和装备的激光测距仪有百余种，大都采用钇铝石榴石激光器，测距精度多为±5～10米。其发展趋向是：①实现标准化、系列化和通用化，使之兼有指示、瞄准等多种功能，并能与红外、微光、电视装置和军用电子计算机结合使用；②研制具有大气传输性能好、对人眼无损害等优点的新型激光测距仪，如二氧化碳激光测距仪、掺钬（或铒）的氟化钇钾激光测距仪，③提高抗干扰能力，发展波长可调的激光器件，如掺铬的金绿宝石激光器等。图 军用激光测距仪

激光雷达

激光雷达是指用激光对目标探测、定位的装置。它能跟踪并测定目标的距离、方位和速度，能对目标进行识别、显示、姿态测定和轨道记录。其工作波长约为微波雷达的万分之一到千分之一，较微波雷达具有更高的测量精度、分辨能力和抗干扰能力及体积较小等优点。主要缺点是：①受大气和恶劣天气的影响大；②波束窄，搜索和捕获目标较困难。

从1964年美国安装、试验世界上第一台靶场测量用的激光雷达以来，

激光雷达技术已有很大发展。一些近距离的小型激光雷达已相继问世，并已用于探测在主动段飞行的导弹，对飞机、巡航导弹等的低仰角跟踪测量、姿态测量以及对卫星轨道测量。也可用作微波雷达测量系统的校准源，还可在空间用于航天器的会合与对接。美国还积极发展作为强激光武器跟踪瞄准系统的高精度激光雷达，并研究将激光雷达用于巡航导弹上，以提高其超低空突防能力和命中精度。20世纪70年代末，战术激光雷达开始用于坦克、火炮、舰艇和飞机的火控系统，以及侦测化学和生物战剂等。

激光制导武器系统

激光制导武器系统是指用激光导引航弹、炮弹、导弹等打击目标的武器系统。已用的激光制导方式有两种，即半主动寻的制导和驾束制导。激光制导武器是在20世纪60年代中期开始发展的，其中激光制导航弹于1972年在越南战场公开使用。

自20世纪80年代以来，激光制导导弹和激光制导炮弹的生产和装备数量也日渐增多。激光制导武器的命中精度较一般其他武器大为提高。例如，激光制导航弹，其圆公算偏差由原来的80～100米减小至3米以内；激光制导炮弹，其圆公算偏差由原来的13～20米减小至1米以内；激光制导的"狱火"反坦克导弹的命中精度，比有线制导的"陶"式反坦克导弹提高一倍。激光制导装置的结构简单，成本较低，能昼夜使用。其弱点主要是：易受恶劣天气的影响；在投射过程中，需用地面或机载的激光目标指示器不断照射目标直到命中，因而使地面前沿操作指示器的人员或空中指示目标的飞机，易受敌方火力攻击。其发展方向是：①实现部件标准化、通用化；②采用多种制导方式的组件结构，以实现全天候和提高抗干扰的能力；③采用脉冲编码技术，以增强抗干扰能力等。

激光陀螺

激光陀螺是指应用环形激光器在惯性空间转动时，正反两束光随转动产生拍频效应而敏感转速原理的一种新型陀螺。它同机电陀螺相比，有如下特点：①无转动部件，耐冲击，坚固可靠，使用寿命较长；②起动时间短；③结构简单，功耗少，造价低；④以数字输出，便于与计算机联用；⑤动态范围宽，可达2000°/秒；⑥易于维护。激光陀螺可用于军用飞机导航系统、舰船稳定平台、战略导弹、战术导弹和航天器的惯性制导系统。
图 使用激光陀螺发射导弹

激光通信

激光通信是指利用激光传输信息的一种通信方式。由于激光的频率比一般无线电波高几个数量级，频带很宽，用激光作载波可大大提高通信容量。20世纪60年代初，开始了大气激光通信的研究，60年代中期，研究工作扩大到空间激光通信，但两者进展都较缓慢。60年代末，光导纤维作为光的传输介质引入激光通信后，激光通信才以光纤通信为主要形式迅速发展起来。

大气激光通信具有保密和简便等优点，但由于受大气吸收、散射等影响，只适于近距离的定点或半定点通信，如海岛之间、舰船之间、边防哨所之间、导弹发射阵地和指挥中心之间等，已有实用的通信系统。

空间激光通信是在卫星之间、卫星与飞机或地面之间、卫星与潜艇之间进行的。这种通信优点很多，但难度也大。1980年以来，美国为提高潜艇的隐蔽性、机动性和生存能力，积极发展空间对潜艇的蓝绿激光通信。

光纤通信是最受重视的一种激光通信形式。它已在民用领域投入使用，在军事上的应用研究也很活跃。其主要优点是：频带宽，传输信息容量大；可节省金属资源；损耗低，中继距离远，费用少，体积小，重量轻；可抗电磁脉冲和射频干扰；无串音，不向外辐射电磁波，保密性好。国外正在开展的军用光纤通信研究项目主要有：①陆、海、空三军的短距战术通信；②飞机、航弹、舰艇、车辆、卫星和导弹等内部的信息传输；③在水下系统中的应用，如声纳线路、鱼雷控制线路、潜艇与浮标间的线路等；④在导弹发射阵地、核试验基地、军用计算机中心、雷达站和风洞实验设施中的通信；⑤光纤制导的导弹和鱼雷等。

激光对抗

随着军用激光技术的发展和应用，激光对抗与反对抗技术也日益受到重视。主要应用有：①激光报警。用激光警报装置来探测敌方激光系统的方位和距离，判定其结构和工作方式，并发出警报，使部队及时采取对抗措施。②对抗激光的措施。包括用激光等强辐射直接毁伤敌方的激光系统；发射假信号、诱饵欺骗敌方的激光测距仪和激光导引头等；施放气溶胶、烟雾等阻断激光束；使用涂料、光亮表面、角反射器、防护镜和改变构形等防护激光。③激光反对抗手段。包括采用编码技术；加装滤光片、采用距离选通技术；采用多波段或波长可调的激光器；采用同时装有激光、红外、雷达和电视等导引头的武器复合制导方式。

激光训练模拟器

用激光模拟器模拟军事训练和实战演习，于20世纪70年代初研制成功，现已普遍使用。其主要优点是：可模拟实战条件，效果逼真；不消耗弹药，不蚀损枪膛、炮膛；不受时间和地点的限制；保障训练安全。国外已成功地将激光模拟器用于坦克、枪炮和反坦克导弹的射击训练和作战演习，并正在进一步发展空地和防空作战演习用的大型激光训练模拟系统。

激光模拟核爆炸

用激光照射氘-氚靶球，使之发生聚变反应，产生与核爆炸类似的一些效应，以模拟核爆炸，用之于研究核武器物理学和发展新型核武器。激光模拟核爆炸具有节省费用和便于测试等优点，有可能部分代替或补充核试验。

激光的广泛应用促进了军事技术的提高，显著增强了侦测、识别、火控、制导、导航、指挥、控制、通信和光电对抗等的效能，并引起了战术和训练方式的变化，甚至将影响未来的战略。例如，激光训练模拟系统使军事训练更为简便、经济、安全和逼真；激光制导武器已影响到军队的部署和作战样式；强激光武器的使用，可能给未来的战略带来重大变化。

激光技术的发展方兴未艾，新的激光器件将陆续出现，例如波长可调的自由电子激光器、X射线激光器和Y射线激光器等。随着激光技术的进一步发展，它在军事上将会得到更广泛的应用。

细数电子战装备

电子对抗装备的发展

电子对抗装备的发展大体经历了三个阶段：

第一阶段是20世纪初至二次大战结束之前。此间电子战斗争的核心是针对早期的无线电通信、导航和典型的脉冲雷达，发展了电子侦察、噪声干扰及消极干扰设备，奠定了电子战的基本门类。

1904年日俄战争中，俄国巡洋舰就对日本舰艇施放无线电通信干扰；1940年8月，英国对来袭的德国轰炸机首次使用杂波干扰和欺骗干扰，使德机无法进入预定空域，误将炸弹投入大海，甚至误降英军机场；1942年6月，由于美军破译日军无线电通信内容，使日军4艘航母在中途岛海战中沉入大海；1943年7月24日，英军飞机夜袭德国汉堡，首次对防空雷达施放消极干扰箔条，使雷达无法瞄准目标，结果参战飞机800架，仅损12架，战损率由6%降至1.6%；1944年6月至7月的诺曼底登陆战役中，盟军用多艘小船装载无线电干扰器材模拟大型舰艇雷达回波，用飞机在船队上空抛撒干扰物模拟大批护航飞机，从而使德军上当受骗，盟军顺利航渡、换乘和登陆，127艘舰船仅损失6艘。

第二阶段是战后至20世纪70年代初。此间雷达技术迅猛发展，火控雷达和各种导弹的广泛应用，促使电子对抗技术全面发展。新的综合性电子对抗系统（如反辐射导弹、电子战飞机、投掷式遥控干扰机及光电对抗和

无声的战场：电子战

水声对抗装备）得以迅猛发展。美军侵越初期，越使用地空导弹击落大量美机，3发导弹的命中概率高达97%；1966年美军使用电子战飞机和电子战装备之后，平均发射10~15枚导弹才能击落一架飞机；1972年以后，所有作战飞机都装了自卫式电子战装备，并开始使用反辐射导弹，使越发射84枚导弹才能击落一架飞机。

1968年苏军入侵捷克时，对北约及捷克境内的防空警戒雷达网实施大面积干扰，得以在6小时内控制布拉格，22个小时占领捷全境。

第三阶段是20世纪70年代以后。由于电子技术特别是数字技术、微小型计算机技术等新技术的运用，使电子对抗装备向数字化、自动化、多功能、自适应的综合电子对抗系统发展。除自卫式、被动式电子战装备外，用于主动攻击和硬杀伤型的电子战装备得到进一步发展。1973年第四次中东战争中，埃、叙海军发射50枚"冥河"反舰导弹攻击以军舰艇，结果全被干扰掉，无一命中；1982年6月9日，以色列灵活使用电子战，不到6分钟，就摧毁叙利亚19个导弹连。在1982年的马岛海战、1986年的美利冲突和1991年的海湾战争中，也大量运用了电子战。

美利冲突中大量运用电子战

◆◆◆细数电子战装备

现代战争的"新宠"

电子对抗装备是用于电子对抗侦察、电子干扰的电子设备（系统）和其他制式器材的总称，是电子对抗部队的主要装备兵器，也是现代作战飞机、舰艇的重要电子装备。电子防御所使用的反电子干扰装置，通常是电子设备的组成部分或附属系统，而不单独使用。

窃听风云——电子侦察装备

现代战争的"新宠"——电子对抗装备

电子侦察装备有太空侦察装备、空中侦察装备、地面侦察装备和海洋侦察装备。目前世界各国，特别是发达国家，已用这些装备在陆、海、空、天多维战场建成全方位、大纵深、立体化的电子侦察网系。

太空侦察装备

太空侦察装备主要是电子侦察卫星，用于侦察敌方雷达的位置、频率及军用电台和发信设施的位置、调制方式等参数，以便各军种进行窃听、干扰和破坏。电子侦察卫星的运行高度多在300～1000千米，运行周期多为90～105分钟，侦察范围广，对地面一点的侦察时间可达10分钟以上。美国

电子侦察装备之太空侦察装备

和俄罗斯目前在电子侦察卫星方面处于领先地位。据报道，目前美国70%以上的战略情报来源于卫星侦察，其在轨的航天器大约有500多个，其中10%是电子侦察卫星；俄罗斯每年至少发射4颗电子侦察卫星，在太空始终保持由6颗卫星组成的"星座"。

空中侦察装备

空中侦察装备主要是电子侦察飞机。美空军装备的RC-135和TR-1属于战略侦察机，巡航于高空，不必飞越战线即可侦收敌方纵深几十千米范围内的电子情报。美空军装备的RF-4C，陆军装备的RV-21和RV-1D，均属于战术侦察机，巡航于中低空（3000~6000米），侦收敌方"电子战斗序列"、重要威胁辐射源精确位置和技术参数等电子情报。美陆军师级装备的EH-60和EH-1等电子侦察直升机，也巡航于低空（3000米以下），侦察距离达40千米。无人驾驶电子侦察机也多用于战术侦察。它相对于有人驾驶侦察机来说，成本低，体积小，发动机功率小，红外辐射少，不易被发现和击落，而且机动灵活，既可用卡车运到设有机场的地方起飞，

电子侦察装备之空中侦察装备

又可由运输机空运至前线发射。美军专门设有第432战术无人驾驶侦察机大队，装备 AQM－3M、AQM－34 等无人驾驶电子侦察机共30多架。此外，各种类型的预警机和专用电子战飞机也深受各国重视。它们除担负预警、监视、空中指挥和电子战任务外，也用于收集敌方的各种电子情报。其中，以美国 E－3A 和 E－2C 预警机最为典型。前者在9000米高度飞行时，其高空探测目标的距离达 500～600 千米，低空目标的探测距离 300～400 千米，在无明显背景杂波条件下可分辨出时速1.8千米的海上目标，甚至可以辨认出潜望镜和通气孔。它覆盖空域的面积达36万平方千米，可同时探测600个以上空中、地面和海上目标，并能同时对200个目标进行记录、识别和测距。后者在8000米高度飞行时，对目标的探测距离达400千米，并具有海上下视和一定陆上下视能力，在多种背景条件下自动跟踪300个目标，引导30批（100多架）飞机进行空战。前苏联的伊尔－76AEW 空中预警和控制飞机，于70年代开始研制，其机动预警雷达具有下视能力，前半部视界不如美国的 E－3A，但后部视界较 E－3A 强。在近期的几场局部战争中，预警机的作用已经引起世界各国的普遍关注。

地面侦察装备

这类装备有地面侦听站、投掷式电子侦察设备及其他特殊的侦察设备。目前美国在日本、德国、意大利等几个国家设有许多地面侦听站，日夜监听俄罗斯、古巴、伊拉克、朝鲜以及我国的雷达与通信等军事电子情报。投掷式电子侦察设备始用于越南战争，利用气球、火炮、火箭、飞机等运载工具投放到敌后军事要地，自动侦收和记录各种无线电信号，然后将其转发给电子侦察卫星、侦察飞机或地面侦听站，它们一般都有良好的伪装。美国研制成功的代号为"田鼠"的侦察装置，可埋在电缆线附近，利用电磁感应原理，可同时窃听并记录60路电话，磁带录满后可自动更换，每部录音机的工作时间约为115小时。在战时，美陆军还将大量机动的地面侦察系统用于电子侦察。如 AN/TSQ－112 战术通信发射体自动定位识别系统，装备于军属电子对抗情报群，由13部计算机和若干部无线电接收机组成，工作频率为 0.5～500 兆赫，配置成6个站，其中两个是主控站，4个是从属站。主控站配置在3辆5吨卡车上，有12部跟踪接收机和两部搜索接收机。从属站只有测向能力，配置在1辆1.25吨卡车上。

海洋侦察装备

海洋侦察装备主要有电子侦察船、潜艇及其他水下侦察设备。美国海军拥有电子侦察船30多艘。为了收集水下电子情报，各国还使用侦察潜艇和一些特殊研制的侦察设备。如美海军研制成功的代号为"比目鱼"的侦察装置，可专门用于窃听海底电缆通信。此装置长5米，直径1.2米，重约7吨，内装侦察接收机和60多部录音机，靠自身携带的能源可工作几十年。

电子侦察装备之地面侦察装备

各国现役的通信侦察装备的工作频率一般为0.5～1000兆赫，有的更高，如美军的FSR-1000通信侦察接收机，加装扩频器后，最高频率可达12400兆赫；可同时侦测相邻的几十个信道，有的达80个信道；每秒钟可搜索几万个信道，有的达8万个信道，转换速度达微秒级；测频精度100赫兹，相对误差小于万分之一；测向精度0.5°～1°；截获概率接近100%。现役的机载雷达告警系统的工作频率一般为1000～18000赫兹，有的则高达40000兆赫；测频精度0.75兆赫，测向精度10°；最大信号密度25～100万脉冲/秒，即可同时接收、分析、处理300～1000多部雷达脉冲信号，并对其中最有威胁的雷达进行告警；响应时间小于1秒；警戒空域为水平360°，俯仰正负45°；截获概率接近100%。

高科技利器——电子进攻装备

顾名思义，电子进攻是采用电子干扰、破坏、摧毁等手段，削弱或瘫

◆◆◆ 细数电子战装备

电子侦察装备之 海洋侦察装备

痪敌方重要电子系统和设备效能的作战行动。目前发达国家军队的电子进攻手段及装备主要有通信干扰装备、雷达干扰装备、计算机病毒和反辐射武器等。

计算机病毒

主要用于瘫痪对手的自动化指挥系统、武器火控和制导系统。与其他电子进攻手段比较，计算机病毒具有隐蔽性强、传播速度快、成本低廉、效果显著等特点。

目前已经和正在研制的计算机病毒投放方法有多种。一是将病毒固化在行将出口的武器装备微型计算机芯片上，连同武器装备一同出口，在需要时遥控激活，造成敌方武器装备失控，指挥系统失灵。据说美国已研制出这种计算机病毒。二是无线电发射，也就是将计算机病毒调制到电子设备发射的电磁波中，当敌方接收后，病毒就在其电子系统迅速扩散，破坏其计算机系统。三是通过敌方计算机操作系统、电源系统、驱动系统、存储系统、数字解调系统等配套设备直接侵入。四是有线电发射，即在敌方线路开口处将病毒注入，使其扩散到相连的计算机系统。

WUSHENG DE ZHANCHANG:DIANZIZHAN

反辐射武器

主要有反辐射导弹和反辐射无人驾驶飞机。最早的反辐射导弹是美国的"百舌鸟"导弹，代号为 AGM-45，采用被动雷达寻的制导，其主要用于攻击敌方地面炮瞄雷达、地空制导雷达，在越南战争、中东战争、马岛战争、美利冲突中均曾使用过。其主要缺点是：目标雷达关机后导弹会失控；载机为继续引诱敌雷达开机，发射导弹后不能立即退出目标区，因此易遭敌地面防空武器的攻击；战斗部威力小，有时在威力半径内也不能摧毁目标。尽管如此，它仍是美军目前装备数量最多的反辐射导弹。

电子进攻装备之反辐射武器

"标准"导弹是美军第二代反辐射导弹，代号为 AGM-78，1968 年装备部队，采用被动雷达寻的制导，导引头具有记忆装置，即使敌雷达关机，仍可根据记忆命中目标。其主要缺点是导引头上限攻击频率偏低，导弹太重；达 635 千克，只能装备 A-6B、F-105 和 F-4 等少数机种。

美军第三代反辐射导弹是"哈姆"，代号为 AGM-88，1982 年底装备部队，最大速度为 3~4 倍音速，射程 20 千米，采用被动雷达寻的制导，导引头有记忆功能且性能更优，可攻击前两代导弹无法探测和攻击的目标。

除美国外，其他发达国家也竞相研制和装备了各自的反辐射导弹。由于反辐射导弹可以抢先攻击敌防空雷达系统，命中精度高，杀伤半径大，所以可大大减少作战飞机的损失率。海湾战争中，多国部队的各类反辐射武器更是出尽了风头，几乎摧毁了伊拉克的全部防空雷达。

反辐射无人驾驶飞机是综合反辐射导弹和无人驾驶飞机的长处并加以

●●●●细数电子战装备

"标准"导弹是美军第二代反辐射导弹

改进而研制出来的新一代武器。其优点在于：续航时间长，有充分时间对敌战场雷达进行侦察、分类，从中选择攻击目标；导引头可自主搜索和精确定位，如敌方雷达关机规避，可在空中盘旋搜索，待开机后再行攻击；体积小巧，机长和翼展只有2米左右，且采用隐形技术，生存能力较高。发达国家近十多年来一直积极研制这类反辐射武器，美国已有以下三种反辐射无人驾驶飞机正式装备部队：AGM－136，续航时间3～4小时，寻的器工作频率2000～35000兆赫；"勇敢者"200，升限3000米，速度225千米/小时，续航时间5小时，寻的器工作频率2000～35000兆赫；"勇敢者"3000，升限7500米，速度750千米/小时，续航时间2～3小时。德国装备了反辐射无人驾驶飞机DAR，其升限3000米，速度250千米/小时，续航时间3.8小时，寻的器工作频率800～20000兆赫。

"空中麻醉师"——电子战飞机

电子战飞机简介

电子战飞机是一种专门对敌方雷达、电子制导系统和无线电通信设备进行电子侦察、干扰和攻击的飞机。其主要任务是使敌方空防体系失效，掩护己方飞机顺利执行攻击任务。

二战期间，电子雷达的出现，电子战开始应用于战争。许多参战国都研制出针对雷达的积极干扰设备、电子告警器和消极干扰物，并将其安装在轰炸机上或由轰炸机携带投放，早期的电子战飞机诞生了。二战后，随着防空雷达技术的不断发展，简单的干扰手段已无法保护自身的安全，因而出现了载有完善干扰设备、专门用来干扰敌方雷达和通信系统的飞机。20世纪50年代，美国研制出第一架真正意义上的电子战飞机——EB-66飞机。此后，美军在越南战争、第五次中东战争、海湾战争、科索沃战争、伊拉克战争中，都较成功地使用了电子战飞机。

"空中麻醉师"——电子战飞机

夺取电磁权逐渐成为影响现代战争胜负的重要条件。现代电子战飞机包括电子侦察飞机、电子干扰飞机和反雷达飞机。它们基本上是由轰炸机、战斗轰炸机、运输机、攻击机等改装而成的。美国的电子战飞机主要有EF-111A、EA-3B"空中战士"、EA-6A"入侵者"、EA-6B"徘徊者"、EC-121"星座"等型号。俄罗斯的电子战飞机主要有雅克-28E、图-19电子侦察干扰机、伊尔-20电子侦察机等。

电子对抗斗争是随着电子技术的发展而发展的，最早发生在20世纪初的日俄战争期间。而电子对抗飞机则诞生于第二次世界大战的烽烟中,其对抗的范围已从通信对抗扩展到了雷达对抗。

二战期间,为了对付敌方新出现的警戒雷达和炮瞄雷达,英、美、德等国相继研制出了早期的电子干扰装置。1939年5月,英国人首次开发成功机载型电波干扰器,经过改进后,于40年代初安装在轰炸机上,在对德国本土进行空袭时,用它干扰防空雷达。同一时期,美国航空兵为了减轻德军防空部队炮瞄雷达的威胁,开始为轰炸机配备APT-2型电波干扰器,结果飞机的损失率由12.6%降到7.5%。此外,美、英还将"惠灵顿"、B-24等型轰炸机改装成电子侦察机,对德军的雷达、通信系统进行侦察。

20世纪五六十年代,电子对抗技术发展较快,出现了一些著名的专用电子对抗飞机,如美国的P2V-7电子侦察机、EB-66电子干扰机、F-105G反雷达飞机等。大部分的战斗机和攻击机,如美国的F-4、英国的"掠夺者"等型飞机已开始配备较完善的机载自卫干扰系统。

20世纪70年代以后,机载电子对抗技术有了明显的提高,电子对抗设备日趋完善,电磁频谱斗争的范围不断扩大。1982年的贝卡谷地之战,以军把电子对抗技术和电子战战术发挥得淋漓尽致,以极小的代价,取得了

专用电子对抗飞机——P2V-7电子侦察机

无声的战场：电子战◆◆◆

一举将叙军19个地空导弹阵地全部摧毁的胜利。此战，成为现代电子战的典范。以军不仅充分利用已掌握的电磁优势，而且在作战中更多地注入谋略因素，有计划、有组织地运用无人侦察机、预警机、电子战飞机等技术勤务飞机，辅助和指挥己方的战斗机、攻击机实施精确打击行动，从而取得了惊人的战果。

海湾战争是另一场规模更大的、以电子战为发端，且电磁斗争贯穿始终的现代战争。在"沙漠风暴"开始之前5个小时，多国部队就派出EA－6B、EF－111、F－4G、EC－130等专用电子对抗飞机，对伊拉克境内的雷达、通信、指挥设施和防空系统进行了强烈的电磁干扰，使伊军雷达荧光屏一片"白雪"。大规模空袭发起后的头一个小时内，在前头开路的F－4G等飞机，就向伊军雷达和防空阵地发射了200余枚高速反辐射导弹，从而保障了攻击编队的安全突防。多国部队实施的"白雪"电子战，造成了伊军通信中断、雷达迷盲、指挥瘫痪、防空导弹失灵，大大提高了己方作战飞机的生存率和行动自由度。

战后，美国海军反映，当战斗机编队有EA－6B电子干扰机护航时，几乎就没有受到伊军地对空导弹的攻击。实战结果再次证明，只有夺得整个战场的制电磁权，才能获取制空权，并进而以较少的损失赢得战争的胜利。海湾战争中，多国部队飞机的战损率只有0.3‰，其原因固然很多，但电子对抗飞机的支援和保障作用不可低估。

海湾战争中的F－4G专用电子对抗飞机

WUSHENG DE ZHANCHANG:DIANZIZHAN

电子侦察飞机

电子侦察飞机是通过对电磁信号的侦收、识别、定位、分析和录取，获取有关情报的军用飞机。电子侦察飞机包括有人驾驶电子侦察飞机、无人驾驶电子侦察飞机、电子侦察直升机和电子侦察遥控飞行器。多数电子侦察飞机由现役轰炸机、歼击机和运输飞机改装而成，也有专门设计的电子侦察飞机。

电子侦察飞机装载的电子侦察系统由截获、分析、测向、记录、显示等分系统组成。所获情报信息主要有两种处理方法：一种是机载侦察设备只进行初步分析，将有关辐射源特征参数用大容量存储介质记录下来，供返回地面后分析处理；另一种是在执行支援侦察任务过程中将接收到的信息实时处

电子侦察飞机

理或传送给地面数据处理中心进行处理，使战场指挥官实时掌握敌方电磁辐射源的活动情况。

电子侦察飞机主要用于执行电子对抗情报侦察任务。遂行电子对抗情报侦察的方式主要有全线侦察、重点侦察、过往侦察等。全线侦察是沿被侦察国家的边境线或海岸线平行飞行对其浅纵深地区实施侦察；重点侦察是对被侦察国家的重点地区往返飞行，反复侦察；过往侦察是在执行特定任务过程中对过往地区实施侦察。电子侦察飞机也可执行电子对抗支援侦察任务，侦察飞机通常在靠近作战前沿己方一侧飞行或随攻击机群飞行，对敌电磁辐射源进行截获、识别和定位，向指挥员或攻击部队提供实时的辐射源信息。

1939年，德国首次用齐伯林飞艇作为电子侦察平台，对英吉利海峡和

爱尔兰海域进行侦察,以确定英国是否装备雷达。第二次世界大战中,英国率先将S-7侦察接收机装在"安森"飞机上担负电子侦察任务。此后,美国和英国又将B-6、B-4轰炸机和PBY"卡塔利娜"、"惠灵顿"等飞机改装成电子侦察飞机,多次在欧洲战区和太平洋战区执行侦察任务,获取有关德国和日本雷达性能及配置的重要情报。战后,随着冷战加剧,电子侦察飞机作为一种重要的情报搜集手段,得到了迅速发展。美、苏、英、法和以色列等十多个国家研制、改装了数十种型号的电子侦察飞机:例如美国的RC-35-U战略电子侦察飞机以及E/RB-6C、RF-C等战术电子侦察飞机和前苏联的米格-5D、图-2C等电子侦察飞机。这些飞机在世界各地频繁遂行侦察任务,获取了大量情报。在朝鲜战争、越南战争、中东战争、海湾战争等局部战争中,电子侦察飞机得到了广泛应用。

早期的电子侦察飞机装载单一电子侦察设备。20世纪60年代末期之后,加装了机载合成孔径雷达、照相侦察设备、红外探测设备等多种传感器,以提高对辐射源定位的精度和遂行各种侦察任务的能力。

电子侦察飞机具有机动性能好,侦察范围比较广,能在敌防空火力之外的距离上实施侦察等优点,但对敌纵深地区的侦察能力较弱,在现代战争环境中生存能力较低。电子侦察飞机的发展趋势是:增加飞行高度和续航时间,扩大侦察范围;采用先进的隐身技术,避免被敌方探测;侦察功能由单一电子侦察向综合多功能发展,并将各种传感器获得的信息进行自动相关和综合评估;改进机载电子侦察设备性能,提高情报搜集能力和对复杂电磁信号的实时处理能力;建立飞机与地面、飞机与卫星之间可靠、保密、抗干扰的通信链路,将截获的信息实时传输给地面处理站,以便迅速分析和

德国用齐柏林飞艇侦察英国

评价；发展廉价的高性能遥控电子侦察飞行器。

电子干扰飞机

电子干扰飞机主要用以对敌方防空体系内的警戒引导雷达、目标指示雷达、制导雷达、炮瞄雷达和陆空指挥通信设备等实施电子干扰，掩护航空兵突防。它是携带电子干扰设备对雷达和通信系统进行干扰的军用飞机。

电子干扰飞机的任务是使敌方空防体系失效，掩护己方飞机顺利执行攻击任务。第二次世界大战中地面雷达出现以后，轰炸机就已开始用抛撒金属丝的方法迷惑对方雷达，这是一种简单的无源干扰手段。

随着雷达防空技术的发展和完善，仅仅依靠简单干扰手段已不足以保护自身的

电子干扰飞机

安全，因此就出现了载有完善干扰设备、专门用来干扰敌方雷达和通信系统的飞机。大多数电子干扰飞机都用轰炸机和强击机改装而成。电子干扰飞机所执行的任务分为远距干扰和近距干扰。20 世纪 70 年代以后研制的电子干扰飞机的机载干扰设备主要由计算机控制的大功率全波段杂波干扰系统组成，可进行全向、半全向和定向干扰，有效干扰功率近 1 兆瓦。在战斗中当警戒设备感受到雷达信号后，经计算机处理，及时施行相应干扰。此外，飞机还可以施放金属丝、箔片等干扰物，用以自卫。

反雷达飞机

反雷达飞机是一种压制敌防空火力的"硬杀伤"电子战飞机，如美国的 F-4G "野鼬鼠"反雷达飞机，机上载有 AN/APR-38/47 雷达告警接收机/电子战支援系统和"哈姆"高速反辐射导弹、集束炸弹和空空导弹，还

"硬杀伤"——反雷达飞机

有自卫用的有源干扰吊舱和无源干扰物投放器。这种飞机的主要任务是用反辐射导弹直接摧毁敌地面雷达和杀伤操作人员。专用电子战飞机的主要发展方向是：

(1) 提高机载电子战系统的性能和综合化程度；
(2) 研制新型隐身电子战飞机、大功率通信干扰飞机；
(3) 发展电子战无人机，如侦察/干扰无人机、反辐射无人机等。

天上的"千里眼"——预警机

浅谈预警机

预警机自诞生之日起，就在几场高技术局部战争中大显身手，屡建奇功，深受各国青睐。预警机，又称空中指挥预警飞机，是装有远程警戒雷达，用于搜索、监视空中或海上目标，指挥并可引导己方飞机执行作战任务的飞机。大多数预警机有一个显著的特征，就是机背上背有一个大"蘑菇"，那是预警雷达的天线罩。

目前，世界上拥有预警机的主要国家和机型有：中国有空警－2000、空

细数电子战装备

航空母舰的"千里眼"——预警机

警-200,美国装备了E-2A、B、C、2000型"鹰眼"预警机和E-3"望楼"预警机、E-8"联合星"远距离雷达监视机,俄罗斯装备了A-50"中坚"预警机、图-126预警机,英国装备了"猎迷"-MK3预警机,日本装备了E-767预警机和E-2C"鹰眼"预警机,以色列装备了先进的"费尔康"预警机……

  预警机进入战争领域的历史并不长,但是由于它能够有效降低敌机低空空防概率,集指挥、情报、通信和控制等系统功能于一身,成为军事领域的新宠。一位军事专家曾说过,"一个国家如果拥有较好的预警机,即使战机数量只有对手的一半,也一样可以赢得战争。"预警机实际上是把预警雷达及相应的数据处理设备搬到高空,以克服地面预警雷达的盲区,从而有效地扩大整个空间的预警范围。机上一般包括:雷达探测系统;敌我识别系统;电子侦察和通信侦察系统;导航系统;数据处理系统;通信系统;显示和控制系统等。预警机是二战后发展起来的一个特殊机种。

  第二次世界大战后期,美国海军根据太平洋海空战的经验教训,为了及时发现利用舰载雷达盲区接近舰队的敌机,试验将警戒雷达装在飞机上,利用飞机的飞行高度,缩小雷达盲区,扩大探测距离,于是便把当时最先进的雷达搬上了小型的 TBM-3W 飞机，改装成世界上第一架空中预警机试验机 AD-3W "复仇者"，它于1944年首次试飞。后来，美国和英国又研制试验了几种预警机，但它们由于雷达功能单一、下视能力和目标分辨能力差等技术难题未解决，所以难以达到实际使用的要求。

20世纪50年代，美国继续预警机的研制工作，将新型雷达安装在 C-1A 小型运输机上，改装成 XTF-1W 早期预警机，于1956年12月17日前次试飞，后来又经改进，装上新型电子设备，在1958年3月3日试飞成功，正式定名为 E-1B "跟踪者"式舰载预警机，1960年1月20日正式装备美国海军。E-1B 是世界上第一次实用的预警机，它初步具备了探测海上和空中目标、识别敌我、引导己方飞机攻击敌方目标的能力。它的雷达探测距离为200千米，可同时引导 20~30 架己方飞机进行攻击。但 E-1B 机载雷达的分辨能力还不很强，雷达数据不能传输给航空母舰的指挥中心，而且引导能力也有限，一艘航空母舰载飞机 60~90 架，若同时升空，就需 2~4 架预警机进行引导，否则很容易造成混乱。

20世纪70年代，脉冲多普勒雷达技术和机载动目标显示技术的进步，使预警机在陆地和海洋上空具备了良好的下视能力；三坐标雷达（可同时测定目标的方位、距离和高度）和电子计算机的应用，使预警机的功能由警戒发展到可同时对多批目标实施指挥引导。于是便诞生了新一代预警机，其代表是美海军的 E-2C 型舰载预警机 "鹰眼" 和美空军的 E-3A "望楼"。现代预警机实际上是空中雷达站兼指挥中心，所以它又被称为"空中警戒与控制系统"飞机。E-2C 可探测和判明480千米远的敌机威胁，它至少能同时自动和连续跟踪250个目标，还能同时指挥引导己方飞机对其中30个威胁最大的目标进行截击。E-3A 对低空目标的探测距离达370千米，可同时跟踪约600批目标，引导截击约100批目标。预警机可提高己方战斗机效能 60% 以上，所以它在现代战争中具有极其重要的作用。

1982年4月，在英国与阿根廷之间发生的马尔维纳斯群岛战争中，英国舰队由于未装备预警机，不能及时发现低空袭来的阿根廷飞机，以致遭受重创。同年6月的以色列入侵黎巴嫩战争中，以色列空军使用 E-2C 预

细数电子战装备

警机引导己方飞机，袭击叙利亚军队驻贝卡谷地的防空导弹阵地，并进行空战。结果叙军19个导弹连被毁，约80架飞机被击落，而以这方无一损失。在1991年的海湾战争中，E-2C和E-3A预警机为以美军为首的多国部队赢得胜利，发挥了重要作用。在美国近年来的多次海空作战行动中，无一不出现预警机的身影。

预警机虽监视范围大、指挥自动化程度高、目标处理容量大、抗干扰能力强、通常远离战线、纵深部署、执勤时有歼击机掩护，工作效率高。但它也存在着许多弱点：活动区域和飞行诸元相对固定；活动高度一般在8000~10000米，有一定规律；飞机体形较大，雷达反射截面积大，利于雷达发现和跟踪，行迹容易暴露；机动幅度小，机载雷达只有在飞机转弯坡度小于10°的条件下，才能保证对空的正常搜索，且下视能力弱于上视能力；巡航速度慢，机上没有攻击武器，自卫能力弱；电子防护能力弱，工作功率较大，极易被对方探测、电子干扰和反辐射导弹攻击；技术复杂，作战操纵不便。在未来作战中，只有打掉敌预警机，才能挖掉敌航空母舰上的"眼睛"，瘫痪敌"大脑"中枢，掌握战场制空权和主动权。因此，应立足现有装备，针对其弱点，寻求有效的战法。

预警机的身影无处不在

如E-2T预警机的弱点有以下三个方面：机动性差。由于其速度/巡航速度496千米/小时，最大速度也仅598千米/小时，实用升限低只有9390米，因而在受到导弹攻击时难以规避；被弹面积大。E-2T身长17.54米，翼展24.56米，天线直径约7.3米。据理论计算其被弹面积是F-16飞机的1.6倍、米格-29的1.5倍，被命中击毁的概率高；自身没有防御能力。一旦对方攻击武器突破其掩护兵力的防护，E-2T就成了没有还手之力的靶子。

那么，如何对付敌人的预警机呢？

电子侦察，及早预警

根据敌预警机基地和我重要保卫目标的位置，研究敌航母出动的主要方向，针对敌预警机的活动高度、探测能力，分析判断其可能的活动区域；采取电子侦察机和技侦部队等多种手段，加强对敌动向、通信和预警系统、各类目标的侦察监视，及时掌握敌预警机活动情报；针对敌预警机飞行高度高、目标大、不断工作的弱点，及时启用大功率干扰雷达，突然探测；广泛收集电子情报，组织对预警机预先电子侦察和直接电子侦察，准确地掌握其作战活动规律。

欺骗迷敌，电子干扰

集中主要电子对抗力量，干扰预警机机载搜索雷达，为航空兵突击兵力开辟安全的电磁通道；采取模拟欺骗，巧设诱饵，严密组织电子防御，以防止敌预警机的雷达搜索及电子侦察，避开电子战飞机的电子进攻和反辐射导弹攻击；对敌军战略电子侦察和航母编队的战术电子侦察进行电子欺骗。中东战争、马岛战争以及海湾战争都一再表明，只要施计用谋，可以隐蔽战役战术行动企图，达到出其不意的效果。经常使用无人侦察机和干扰机在箔条干扰走廊的掩护下，抵近航母编队实施干扰，频频调动敌预警机、电子战飞机和其他作战飞机，诱导欺骗敌雷达开机、电台工作，对航母编队进行电子疲惫。

布撒扰片，通信干扰

由金属箔条形成的干扰走廊是干扰敌预警机机载雷达的简便有效方法。战役行动开始时，首先出动电子干扰飞机，在航母编队周围空域多方向、多层次大量布撒箔条干扰走廊，同时使用干扰飞机从多个方向对敌预警机机载预警搜索雷达和区域防空系统的相控阵雷达施放大功率有源干扰。可以出动电子干扰飞机用机载通信干扰装备，对敌舰载特高频卫星通信收发信机和卫星信号接收机进行有源压制性或有源欺骗性干扰，破坏卫星通信

细数电子战装备

的接收系统。

空中打击，以空制空

众所周知，舰载预警机为了最大限度地发挥其功能，都在距航母数百千米的地方巡逻，从而为率先打击敌预警机提供了可乘之机。当掌握敌预警机活动区域位置信息时，我方预警机先期起飞，隐蔽出航，尽可能与敌预警机同时到达其预定活动区域，对敌实施突然打击；当敌预警机换班或空中加油时，还可以抓住其机动能力受限，疏于戒备的有利时机，适时组织力量进行打击；根据战场情况和敌预警机可能活动的空域范围，划定电子干扰机和歼击掩护机活动区域，以保证一旦发现预警机，能够立即升空，按照所划定的区域对敌干扰；我方预警机还能采取多向进入，多机突防围歼战法，低空进入，低空接敌，低空占据待机点，然后以快速机动的性能优势，迅速爬高抢占有利空域，突然发起导弹攻击。

舰载预警机以空制空

中国与国外的预警机一览

我国首架预警机

中国空军第一架"空警"－1预警机是在前苏联生产的图－4远程轰炸机基础上研制而成的。

前苏联空军图－4远程轰炸机基本上模仿了美国空军的B－29远程轰炸机。1947年5月19日，前苏联空军图－4远程轰炸机完成了首次试飞。

在前苏联航空发展史上，图－4远程轰炸机不仅是唯一由前苏联领导人斯大林以书面命令形式下达研制的远程轰炸机，而且也是最后一批安装活塞式发动机的远程轰炸机。因此，它的研制成功具有特殊的历史意义。1954年，在前苏联托茨科耶地区举行的军事演习中，前苏联空军一架图－4远程轰炸机投放了一颗原子弹，引起了北约组织的高度关注，从而使冷战进入了新的高潮。前苏联共计生产了847架图－4远程轰炸机，而中国则从前苏联采购了15架。1965年5月，中国空军一架图－4远程轰炸机在中国西部地区成功试验了一颗威力为4万吨当量的原子弹。

1967年，中国在图－4远程轰炸机基础上研制出了"空警"－1预警指挥机。中国空军"空警"－1预警机安装了前苏联空军图－126"苔藓"预警机使用的"蔓"－1M机载雷达。"蔓"－1M机载雷达圆盘型整流罩直径为11米，高为1.9米，探测距离为370千米，主要用来发现海上和空中目标，并引导战斗机对其实施拦截。"蔓"－1M机载雷达是前苏联为预警机研制的第一部预警雷达，采用脉冲多卜勒体制，功率为2毫瓦特，脉冲重复频率为300赫兹，天线与圆盘型整流罩固定在机身上方的塔座上，每10秒钟旋转一圈。

中国共计生产了2架"空警"－1预警机。但是，由于中国空军认为"空警"－1作战效率较低，因此停止了"空警"－1空中预警指挥机的生产。

"空警"－200

"空警"－200预警机实际上是运－8AEW的改进型，是一种小型预警机。最初，该机被命名为"平衡木AEW"。随后，又被命名为运-8/F200。2005年1月14日，"空警"-200完成了第一次试飞。

随后，位于汉中的陕西飞机工业集团加快了研制"空警"-200的步伐。为了解决飞行安全问题，中国军方积极与乌克兰安东诺夫设计局进行了合作。在改进"空警"-200的过程中，更换了新型座舱玻璃除霜系统和新型机组成员紧急情况告警装置。据悉，该机所采取的上述措施大大提高了飞机的飞行安全性能。

我国的预警机——"空警"-200

在2009年我国的60周年国庆阅兵，"空警"-200梯队首次亮相，2架预警机引导2个梯队，一个是三机楔队，由1架"空警"-200和2架歼-11组成；一个是五机楔队，由1架"空警"-200和4架歼-11组成。

"空警"2000

"空警"2000预警机采用了相控阵雷达技术，比目前美俄产品还要先进。它的服役填补了解放军从前没有装备预警机的空白，其先进的雷达技术，也令全世界震惊。该预警机采用俄制伊尔-76为载机，但固态有源相控阵雷达、软件、砷化镓微波单片集成电路、高速数据处理电脑、数据总线和接口装置等皆为中国设计和生产。

E-2

E-2是美国海军现役最主要的预警机，于1965年开始服役，至今使用的基本上都是E-2C。目前，E-2C预警机已经生产了175架以上，其中的32架出口给了法国、以色列、日本、新加坡、埃及、阿联酋、中国台湾等国家和地区，是世界上最畅销的预警机。该机采用双发涡桨发动机，巡航速度 500 千米/小时，续航时间 5.5 小时；当巡航高度为 9390 米时，其背上的 AN/APS－145 雷达能监视 2400 万立方千米的空域或 38.85 万平方千米的海域，且无下视波束盲区，提供的预警时间可达 25 分钟。可同时监视、跟踪显示 2000 个目标，可同时指挥引导 100 架战斗机遂行空中拦截任务。

E－2"鹰眼"舰载预警机

E－3A

美国空军的现役主力 E－3A"哨兵"预警机，由于不受航母的限制，采用了民用客机波音 707 为载机，其探测距离较远，对低空、超低空飞机的发现距离达 400 多千米，对中、高空目标的发现距离达 600 千米，可提供 30 分钟的预警时间，能同时探测 600 个目标，同时识别 200 个目标，同时处理 300～400 个目标。日本的新一代预警机 E－767 其实就是以波音 767 为载机的 E－3A。

A－50

俄罗斯也是生产装备预警机的大国，对研制预警机的认识并不比美国人晚，可当时苏联认为这一设想没有前途，搁置了研制计划，直到 20 世纪 80 年代初才研制出第一种预警机图－126。此后，以伊尔－76 为载机的 A－50"中坚"预警机取代了图－126，成为俄军的主力。杜达耶夫就是在打卫星电话时被 A－50 截获信号，招来导弹而一命呜乎的。A－50 在探测目标的距离上、自动引导波道数量上逊色于美国的 E－3A，但它识别低空目标的能力却要略胜一筹。另外，A－50 机上的电子计算机可储存来自人造卫星的情报，而 E－3A 目前尚无此种能力。

此外，以色列的"费尔康"是世界上第一种相控阵雷达预警机，其空中预警能力不亚于美国 E-3A 预警机，有些性能甚至超过 E-3A。其他一些中小国家，如瑞典、荷兰也研制了"萨伯-2000"等小型相控阵雷达预警机，虽然功能远不及美国的预警机那么强大，却是中小国家的理想选择。

预警机未来发展

随着科技的发展，预警机的作用已经从单纯的远程预警扩展到空中指挥引导等功能。现代高技术战争中，没有预警机的有效指挥和引导，要想组织大规模的空战几乎是不可能的。信息化战争，正进一步提升着预警机的作用。21世纪的预警机超越了"千里眼"的范畴，它集侦察、指挥、控制、引导、通信、制导和遥控于一身，已经成为名副其实的"空中指挥堡垒"。

为了适应未来战争的需要，世界各军事强国在加强、完善预警机方面都不遗余力，从而使预警机的发展呈现出了以下趋势。

（1）不断提高现役预警机的性能，延长服役期

。美军 E-2C 的最新改进型"鹰眼"-2000 已经装备在"尼米兹"号航母上，并参加了伊拉克战争。"鹰眼"2000 改用 940 中央计算机，其重量和尺寸分别是原来的 1/2 和 1/3，但处理能力提高了 15 倍。俄国也已把 A-50"中坚"预警机改进为 A-50U，其探测目标距离和跟踪目标数量均有所增加，提升了对飞行目标的预警能力和抗干扰能力。

（2）研制性能适中、价格便宜的小型预警机

大型预警机的价格动辄数亿美元，普通国家难以承受，因此有些国家正在积极研制性能适中、价格便宜的小型预警机，像瑞典的"萨伯"-2000、荷兰的"极乐鸟"MK2 等。这些小型预警机体积小，功能也较少。瑞典的"萨伯"-2000 实际上只是一种地面控制的机载监视系统，探测到的雷达图像通过数据链传送到瑞典地面防空系统的指挥中心，再进行处理分析。

（3）相控阵雷达是预警机发展的主要方向

相控阵雷达的优点众多，其可靠性高、探测能力强、扫描速度快、抗

干扰能力强。包括上述两种小型预警机在内的新一代预警机差不多采用的都是相控阵雷达。美国对相控阵雷达十分重视，各军种均有各自的计划，光在研的型号就有四种，分别是空军的波音747-200预警机、海军的S-3预警机、海军陆战队的V-22预警机以及格鲁曼公司的D-754遥控预警机。

电子战斗机的佼佼者——EA-18G

"咆哮者"EA-18G项目在美国2004~2009五个财政年度的"系统设计和发展"中获得通过，不久2架专门用于试验的EA—18G样机开始组装。2005年，"咆哮者"完成了风洞和综合地面试验。2006年5月30日，EA-18G项目又完成了为期三个月的舰载适用性试验。美海军表示计划采购90架EA-18G，最终于2015年完全取代EA-6B，使EA-18G当之无愧地成为美国海军电子攻击力量的砥柱中流。

现代战争中，电子支援已成为与火力打击并重的一种"特殊突击样式"。从1971年起，EA-6B"徘徊者"战机就被美海军用于压制敌人的电子活动和获取战区内的战术电子情报来支援攻击机和地面部队。其主要机载设备包括AN/ALQ-99F电子干扰系统、灵敏侦察接收机（可探测远距离的雷达信号）、AN/AYK-14中央计算机、全天候自动着舰系统、多功能显示器，以及通信、导航与识别系统等。利用暗室可以模拟高空无反射状况，从而在地面即可检验许多电子设备的性能，降低试飞的风险。

在海湾战争中，EA-6B与EF-111A和F-4G三种电子战机一起组成

"咆哮者"EA-18G

联合编队，近距离压制地面防空火力的制导、瞄准系统和通信指挥控制系统，极为出色地完成了任务，一役成名。近20年过去，昔日驰骋疆场三剑客中的两个——EF-111A与F-4G均已解甲归田，使得EA-6B不得不承担美海军所有随队电子支援的重任。可是，时光催人，岁月已在"徘徊者"身上留下了太多痕迹，最年轻的1架飞机也已在海风中磨砺了20多年，虽然经过多次现代化改造，但机体结构的老化绝对不容忽视。再者，EA-6B所装2台J52-P-408涡喷发动机，就算把节流阀推到头也只能达到1048千米/小时的极速，使其在执行具有时间敏感性的任务时无法跟上突击集群。况且由攻击机A-6发展而来的EA-6B机动性能不佳，几无空战能力，执行任务必须依靠其它战机护航。所以，面对未来战场严峻的形势，已有30年役龄的"徘徊者"恐将独木难支，这催生了美国海军对下一代电子攻击机的迫切需求。

军火巨头波音公司看准了这笔买卖，于是在2001年圣路易斯市的F/A-18E/F生产线中，一架尚未完成总装的"超级大黄蜂"被拖入一个独立设置的机库另行装配。同年11月15日，此架被称为F/A-18F1的战机携带2个副油箱、3具AL0-99电子干扰吊舱和2枚AIM-120中距空空导弹完成了首飞，这就是EA-18G的原型机。

原型机飞行性能测试在9000米高空成功进行。截至2002年8月24日，这架原型机共完成了5次试飞，之后转入地面综合实验室测试。2003年12月29日，美海军将一笔10亿美金的巨款汇入波音公司的账户，用于EA-18G。

作为F/A-18E/F的衍生机型，EA-18G"咆哮者"具有和前者相同的机动性能，因此完全可以胜任随队电子支援任务，而且具备相当的空战能力，不仅足以自卫，甚至可以执行护航任务。而且，EA-18G飞机99%的零配件都可以与F/A-18E/F互换，这无疑能大大降低后勤保障的压力，也节省了飞行员完成新机改装训练所需的时间与费用。

F/A-18E/F凭借其良好的战技术性能和低廉的维护费用博取了美海军的芳心，令"天皇级"一代名机F-14D从所有航空母舰的甲板上"下岗"，如数封存"待业"去矣。"超级大黄蜂"一时间成了"超级大明星"。

而它的英文名"Super Homets",有"超级难缠者"之意;而 EA-6B 的绰号"Prower"（徘徊者）竟包含"小偷"的意思。当"小偷"遇上了这个由"难缠的人"脱生的"咆哮者"时，也只得乖乖把接力棒交出来了。

不管怎样，EA-18G 承载着美国海军未来电子攻击力的希冀和高达 10 亿美元的项目发展资金，它不应有失败的借口。平心而论，就其战技术性能来说，的确不乏卓尔不群之处。正如 EA-18G 项目的一位工程经理鲍勃费德曼所言："每一天的试飞，我们都会向既定目标更进一步，并向我们的海军客户展示它那令人难以置信的优异性能。"

作为一款名副其实的电子战机，EA-18G 拥有十分强大的电磁攻击能力。凭借诺斯罗普·格鲁门公司为其设计的 ALQ-218V（2）战术接收机和新的 ALQ-99 战术电子干扰吊舱，它可以高效地执行对面空导弹雷达系统的压制任务。以往的电子干扰往往采用覆盖某频段的梳状波，但敌方雷达仅仅工作在若干特定频率。

这样的干扰方式将能量分散在较宽的频带上，就如同对电磁频谱的"地毯式轰炸"，付出功率代价太大。具有跳频能力的抗干扰系统出现之后，传统干扰方式无法有效应对每秒钟发射频率都要跳动数次的电台和雷达，干扰效果遂大打折扣。此时对手的信号恰似神出鬼没的"游击队","地毯式轰炸"就显得不甚明智。

EA-18G 拥有十分强大的电磁攻击能力

与以往这些拦阻式干扰不同，EA-18G 可以通过分析干扰对象的跳频图谱自动追踪其发射频率，并采用"长基线干涉测量法"对辐射源进行更精确的定位以实现"跟踪—瞄准式干扰"。此举人大集中了干扰能量，首度实现了电磁频谱领域的"精确打击"。采用上述技术的 EA-18G 可以有效干扰 160 千米外的雷达和其他电子设施，超过了任何现役防空火力的打击范围。

不仅如此，安装于"咆哮者"机首和翼尖吊舱内的 ALQ－218V（2）战术接收机还是目前世界上唯一能够在对敌实施全频段干扰时仍不妨碍电子监听功能的系统，这项功能被厂商称为——"透视"。全频段电子干扰，就如同你为扰乱两个人的谈话，特地搬来一个大功率的功放喇叭。这样虽然能达到干扰目的，但由于喇叭的存在你也无法听到任何一方的言语。但诺斯罗普·格鲁门公司的 ALQ－218 接收机子系统却既可以让交谈双方无法交流，同时又令你可以听清他们说话。而且，EA－18G 还具有相应的 IN-CANS 通信能力，即在对外实施干扰的同时，采用主动干扰对消技术保证己方甚高频话音通信的畅通。这项技术在美军中也是首次应用。

2005 年 11 月，EA－18G 在帕塔克森特河海军航空站的"暗室"（无反射室）进行了 INCANS 通信综合测试，负责系统调试的工程师保罗·莫尔利表示，测试获得了"绝对的成功"。

USQ－113（V）通信对抗系统也是 EA－18G 的制式装备。它拥有指挥、控制和通信对抗、电子支援措施及通信等多种任务模式，在 VHF/UHF 频段工作，基本频段 20～500 兆赫，重点频段 225～400 兆赫。USQ－113（V）可与商用现货接收机/发射及技术和先进的软件结合，为军方提供了一个易于操作的系统。此型机载通信对抗系统能够自动干扰有源目标或盲干扰指定目标，无论大型预警雷达还是路边炸弹的遥控装置都无法幸免。通信监听和干扰是电子战的重要方面，USQ－113（V）的通信模式还允许进行一般的通话或实施模拟通信欺骗，通过窃听或破坏敌方的指挥控制链路，指挥官可以取得战场上显著的战斗优势。系统能设置在不同信号内共享功率，具有多目标干扰能力，噪声和标准欺骗干扰能有效破坏敌方作战。通过将系统与外部的调制解调器连接，可优化系统来对抗特殊网络。

EA－18G 的 AN/APG－79 型机载雷达由雷锡恩公司设计制造，这种具备电子对抗能力的雷达采用了与第四代战机 F－22A、F－35 相同的"有源电扫阵列"技术。这使得"咆哮者"可以轻易地在使用雷达的其他功能时分出一部分 C/R 单元对敌进行离散的干扰压制，这在以往是不可想象的。

EA－18G 不仅拥有新一代的电子对抗设备，同时还保留了 F/A—18E/

F全部的武器系统和优异的机动性能。因而可以这样说,"咆哮者"既是当今战斗力最强的电子干扰机,又是电子干扰能力最强的战斗机。况且波音公司已经获得了生产4架,即一个战术干扰中队的EA-18G的合同,可是以后的进一步生产进程却遭到不测。

首先,这是由美国五角大楼对电子战力量重新规划部署所造成的。伊拉克战争后,美国国防部意识到,近10年以来,即空军的EF-111与F-G退役之后,美军的机载电子攻击任务由美国海军独家负责,美军所有进入敌方领空的战斗机均由海军的电子攻击机提供电

EA-18G具有优异的机动性能

子保护。2004年,五角大楼新的电子战计划显示,未来美国空军与海军将协同作战,共同完成空中电子进攻。

根据五角大楼的计划,机载电子攻击任务共分为4部分:防区外干扰,即远距离干扰敌方战略通信;随队干扰,即干扰机和战斗机同行发起空中打击;自卫干扰,即利用机载设备产生的信号摆脱防空导弹;近身干扰,即从极近的距离干扰敌方雷达,主要靠无人飞行器来完成。这其中第三、四项均有空军力量涉足其间,而第一项更是由美国空军全权负责。这一计划使美国海军电子战力量所承担的压力有所降低,并大大强化了空军在电子战中的作用。此后批准的2005和2006财政年度国防部电子、光电子和信息技术的开支中,空军的预算竟是海军的3倍多!

其次,美国国会对EA-8G尚存疑虑。虽说生产EA-8G是为了最终取代EA-B,但成本也是不得不考虑的问题。EA-B也在不断改进之中,EA-8G所采用的相当一部分电子设备,包括ALQ-18和USQ-13,原本是为升级EA-B的。如果EA-B按照最新的"改进能力Ⅲ"(ICAP·Ⅲ)计划升级,即可以拥有与EA-8G相近的电子战战力。生产一架EA-8G波音

公司为美国海军开出的价码是6600万美元,而同样的资金可以改进4架EA-B,时间也相对短得多。据报道,2006年5月,诺斯罗普·格鲁门公司已获得由美国海军授予的一份不定期交付/不确定数量合同,全速生产"ICAPⅢ"电子攻击系统,装备EA-B"徘徊者"。另外,波音公司的死对头洛马公司也"不失时机"地推出了EA-SF方案,主打采用全新电子设备尤其是具有短BE/垂直起降能力的EA-5。这引起了美国海军陆战队的浓厚兴趣,表示无意采购不具备V/STOL能力的EA-8G,而将EA-5列为陆战队下一代电子攻击机的首选。

对于EA-8G进一步生产的推迟,美国国会拨款委员会成员表示:"我们将继续支持EA-8G项目,但是,EA-8G也需要更多的时间来发展完善。"2006年7月初,L3通信公司链接模拟训练分公司开始为EA-8G生产第100套整体模拟座舱;8月4日,"咆哮者"首机提前一个月下线;8月底,它的处女航被安排在圣路易斯进行。2007年,"咆哮者"在马里兰州的帕塔克森特河海军航空站和加州的中国湖试验场展开全面性能测试。

EA-18G将何去何从

军用卫星家族

1975年11月，西伯利亚的上空像往常一样的宁静，但天地之间的一场大较量已经悄悄展开。苏联为了阻止美国对其导弹发射行动进行侦察和监视，突然动用陆基强激光，对当时正在执行侦察监视任务的美国预警卫星和侦察卫星进行跟踪和射击，使2颗卫星报废，从而揭开了军用卫星对抗的序幕。1981年3月，苏联又进行了天基激光武器反卫星试验，结果美国一颗照相红外侦察卫星上的敏感设备被摧毁，致使卫星失效。

军用卫星对抗技术的出现是与军用卫星日益增长的威胁密切相关的。自从人类第一颗人造地球卫星发射升空以来，至少已有4000颗卫星被送入了地球轨道，其中半数以上属于军用卫星。它们像幽灵一样潜伏在太空，不时地刺探着军事情报或传递信息，可以说在航天技术日益发达的今天，任何重大的军事行动和地面目标都很难躲过卫星的"火眼金睛"。

军用卫星之所以得到广泛应用，是因为它具有许多独特的优

军用卫星

点。一是速度快：在近地轨道上运行的侦察卫星，每秒飞行七八千米，90分钟左右即可绕地球一圈。二是眼界宽：卫星居高临下，视野开阔，获得情报多。在同样的视角下，卫星所观测的地面面积是飞机的几万倍。一颗在地球静止轨道上运行的导弹预警卫星，可以连续监视占地球总面积42%的区域。三是限制少：卫星不受国界、地理和气候条件的限制，可以自由飞越地球上的任何地区。

海湾战争和科索沃战争用大量生动的事实表明，功能各异的卫星为空

袭行动的协调统一、空中打击的精确实施和毁伤效果的准确评估立下了汗马功劳。既然军用卫星具有如此重要的作用，那么，卫星对抗的出现也就不足为奇了。

侦察卫星是最常见的军用卫星，装有光电遥感器、雷达或无线电接收机等侦察设备，用以获取军事信息。侦察卫星家族中包括电子侦察卫星、照相侦察卫星、海洋监视卫星、预警卫星和核爆炸探测卫星等。

光学成像侦察卫星和合成孔径雷达成像侦察卫星是主要的侦察卫星。前者主要是在白天使用，视角分辨率已经能够达到看清楚汽车牌照的程度；后者可全天候、全天时使用。如美国的"长曲棍球"卫星能透过云层、黑夜或丛林，全天候地提供地面目标图像。通过图片可辨认出坦克和导弹机动发射架等军事目标。

卫星侦察技术的发展在使军事强国达到"知己知彼、百战不殆"目的的同时，也对卫星侦察技术相对落后的国家构成了严重威胁，使得战争从一开始就将失去平衡。因此，反卫星侦察技术引起了很多国家的重视。

目前，对付光学成像侦察卫星比较有效的方法是"伪装"。即把重要的军事基地和设施都伪装起来，通过制造假军事目标，如假飞机、假坦克、假导弹发射架以及假舰艇等迷惑照相侦察卫星。对抗合成孔径雷达的最有效方法是实施欺骗干扰。

电子侦察卫星是用以侦收敌方电子设备的电磁辐射信号以获取情报的卫星，主要是掌握敌方电台与雷达的配备位置和工作参数，分为"普查型"和"详查型"两种。比较著名的有美国的"大酒瓶"电子侦察卫星。

对付电子侦察卫星的首选方法是，采用无线电"静默"以及严格控制和管理电磁波辐射。比如，前苏军总部每天都向部队通报一次外国电子侦

光学成像侦察卫星

察卫星的飞行预报，各部队和基地的重要电子装备在卫星通过上空时都要关机。这种方法对抗轨道参数已知的电子侦察卫星往往可以奏效，因为卫星在目标上空滞留时间一般仅为几分钟，所以不会影响雷达和通信网的正常工作。但在战争期间，这种方法却往往失灵，原因是卫星轨道和运行参数可能会被人为地改变，即所谓"变轨"。如美国空军空间

海洋监视卫星的示意图

司令部在空袭南联盟之前，将以前公开的有关美军军用卫星的轨道参数都进行了加密。这样，南斯拉夫的分析员就很难得知侦察卫星的位置信息。

对抗电子侦察卫星的治本之策，是采用新体制雷达和通信系统，以及运用频率捷变、脉冲编码、超低旁瓣、旁瓣消隐等雷达反侦察技术和跳频、扩频等通信反侦察技术，它们均可降低电子侦察卫星的效率。

导弹预警卫星是用以监视、发现和跟踪敌方战略弹道导弹的发射及其主动段的飞行，并提供早期预警信息的侦察卫星，通常由多颗卫星组成预警网。这是冷战时期美国人最为关注的卫星之一，因为它可以提供核导弹攻击预警。

海洋监视卫星是用于探测、监视海面状况和舰船、潜艇活动，侦收舰载雷达信号和窃听舰船无线电通信的侦察卫星。能在全天候条件下鉴别舰船的编队、航向、航速，并能探测水下核潜艇的尾流辐射等，还可以为舰船的安全航行提供海面状况和海洋特性的重要数据。

导航卫星属于军民合用型，它从太空发射无线电导航信号，能为地面、海洋、空中和太空用户导航定位。导航卫星在超视距的现代海战、复杂生疏地形的现代陆战和以精确打击为目的的现代空战中，正发挥着越来越显

◆◆◆ 细数电子战装备

GPS "全球定位系统"

著的作用。

美国用了 20 年时间、花费上百亿美元研制的 GPS "全球定位系统"由 24 颗卫星组成，在世界任何地方，借助于 GPS 接收机都能够实现精确定位。科索沃战争中，新型"战斧"式巡航导弹以 GPS 中段制导替代了海湾战争时所采用的地形匹配中段制导系统，使命中率大大提高。

总之，军用卫星家族可谓群星璀璨，它们在未来战争舞台上都将扮演不同的角色。

新概念武器——高功率微波武器

在未来的高技术战争中，人们很可能看到：太空中的侦察卫星和预警卫星等空间飞行器瞬间丧失功能成为"太空垃圾"；来袭导弹变成了无头苍蝇；对方的通信指挥控制情报系统突然瘫痪；飞机突然坠地或是因为胡乱飞行而坠毁；正在有序行进的坦克车队忽然像中了魔一样，或突然停驶，或横冲直撞。这一切的形成都将归功于一种新概念武器——高功率微波武器。这是一种目前正在研究发展的高技术武器，试验性高功率微波弹头已被美军在海湾战争中使用，数枚高功率微波炸弹配合其他武器曾使巴格达指挥系统一度中断。微波武器扬威21世纪，不仅会给武器系统带来质的变化，还将对作战方式带来革命性的影响，成为核威慑条件下信息战争的杀手锏。

简单实用的杀伤机理

当电子束以光速或接近光速通过等离子体时，产生定向微波能量，将这种波束能量高度集中，就会成为杀伤力很强的武器。基于这

新概念武器——高功率微波武器

种原理，微波武器利用高增益定向天线，将强微波发生器输出的微波能量会聚在窄波束内，从而辐射出强大的微波射束（频率为1~300吉赫的电磁波），直接毁伤目标或杀伤人员。由于微波武器是靠射频电磁波能量打击目标，所以又称"射频武器"。

高功率微波武器的关键设备有两个，即高功率微波发生器和高增益天线。高功率微波发生器的作用是将初级能源（电能或化学能）经能量转换装置（强流加速器等）转变成高功率强脉冲电子束，再使电子束与电磁场相互作用而产生高功率电磁波。这种强微波将经高增益天线发射，其能量汇聚在窄波束内，以极高的强微波波束（其能量要比雷达波的能量大几个数量级）辐射和袭击目标、杀伤人员和破坏武器系统。

微波武器的穿透力极强，能像中子弹那样杀伤目标（如装甲车辆）内部的战斗人员，如指挥人员、飞行员、武器装备操纵人员等，从而瘫痪目标。不过微波武器对人体组织的杀伤，既非冲击伤，也非撞击伤，而是"软杀伤"，其杀伤作用是通过对人体产生热效应和非热效应而形

细数电子战装备

微波武器属于"软杀伤"武器

成的。

热效应是强微波能量对人体照射引起的（如微波炉的效应）。微波照射人体时，一部分被吸收，一部分被反射。被人体吸收的强微波在人体内的细胞分子之间以惊人的速度碰撞、运动，产生强热效应。由于微波有很强的穿透力，所以不仅人体皮肤表面被加热，更重要的是人体内部器官组织也被加热。由于人体内深层软组织散热难，升温比表层更快，导致皮肤尚未感灼痛，深部组织已受损伤。当微波能量密度达20瓦/平方厘米时，照射1秒钟，就可能致人死亡。据美国研究表明，一次射频的直接闪击，大脑就可死亡，整个神经系统会造成混乱，心跳和呼吸功能停止。

非热效应则可使人员神经混乱，头痛烦躁，造成作战人员的心理损伤等功能变异。据认为，仅3～13毫瓦/平方厘米的微波能量，就可造成神经混乱。据报道，美国曾设想用微波的软杀伤效应去损伤飞机驾驶员、导弹操作手。

与常规武器、激光武器等相比，微波武器并不直接破坏和摧毁武器装备，而是通过强大的微波束，破坏它们内部的电子设备。实现这种目的的

WUSHENG DE ZHANCHANG:DIANZIZHAN

途径有两条。其一是通过强微波辐射形成瞬变电磁场，从而使各种金属目标产生感应电流和电荷，感应电流可以通过各种入口（如天线、导线、电缆和密封性差的部位）进入导弹、卫星、飞机、坦克等武器系统内部电路。当感应电流较低时，会使电路功能混乱，如出现误码、抹掉记忆或逻辑等；当感应电流较高时，则会造成电子系统内的一些敏感部件如芯片等被烧毁，从而使整个武器系统失效。这种效应与核爆炸产生的电磁脉冲效应相似，所以又称"非核爆炸电磁脉冲效应"。其二是强微波束直接使工作于微波波段的雷达、通信、导航、侦察等电子设备因过载而失效或烧毁。因此，微波武器也被认为是现代武器电子设备的克星。

倍受关注的五大特点

由于微波束是以光速传播，反应快，可在远距离打击目标，且不需要计算提前量，又可重复发射，因此微波武器可攻击的目标也十分广泛。从太空中邀游的卫星到跨洲越洋的洲际导弹，从巡航导弹、飞机到雷达，从指挥机构到通信设施，从武器装备到战斗人员以及城市电力设施、工业设备等。当其功率为 0.01～1 微瓦时，它能干扰一定频率的通信设备及雷达的正常工作。当功率达到 0.01～1 瓦时，强微波辐射在金属表面产生感应电流，轻者会干扰、重者可烧毁电子设备。当功率增至 4 万瓦时，其热效应可熔化金属而毁坏大型武器装备。其主要特点可归纳为五条。

一是能有效杀伤高速目标。微波射束以光速传输，躲避其攻击非常困难，高速飞行的目标（如导弹）也不例外。

二是具有全天候作战能力。高功率微波武器靠发射到空中的强电磁波杀伤和破坏目标。在大气中，这种电磁波不存在严重的传输衰减问题，全天候运用能力较强。

三是具有"致命"和"非致命"双重性。对杀伤人员而言，高功率微波武器的"非热效应"能使战斗人员丧失作战能力或神经错乱，属"非致命"性，而"热效应"则能致人死亡。

四是能杀伤多个目标和隐身武器。高功率微波武器发出的强电磁波波束较宽，可淹没一定范围的目标区，也就是说能打击的是一个"面"，因而可同时杀伤多个目标。值得一提的是，微波武器的射束较宽，且能量衰减慢，作用距离比激光武器和粒子束武器更远，可打击范围较大的目标区。同时，由于吸收电磁波是当前各类飞机、导弹等为提高隐身效果而广泛采用的"招数"，微波的热效应还可能成为隐身武器的"杀手"。

五是对瞄准精度要求不高。微波由定向天线发射，形成具有方向性的波束，其波束又较宽，可弥补跟踪与瞄准精度不高的缺陷。

热热闹闹的研究场景

正是由于高功率微波武器具有如此突出而诱人的优点，它受到了各国军方的普遍青睐，许多国家都将发展高功率微波武器作为武器的发展重点，尤其是美国、俄罗斯，早已先声夺人。20世纪70年代以来，美、苏就开始研制高功能微波发射管以及研究微波武器的杀伤机理。

美国研制成功的试验性高功率微波弹头已应用到海军"战斧"巡航导弹上，并在海湾战争中亮相。它以普通炸药为能源，将爆炸能量转换成微波能量，毁坏伊方防空和指挥中心的电子系统。实战中为保险起见，它是与其他电子干扰设备和导弹一起使用，数量也少，因此很难有一个实际量化的实战应用效果。美国海军舰载高功率微波武器系统已制出样机装备海军，主要用于舰载防空，对付反舰导弹。美国正在研制能在大范围内产生高功率微波束、可摧毁洲际弹道导弹电子设备的高功率微波武器系统，并希望能研制出在未来战场上能摧毁或破坏敌方电力供应系统、C3I系统、电子装备等的微波武器。

苏联研制微波武器起步很早，不仅早已制造出用于防空的高功率微波武器样机，还进行了外场试验。能杀伤10千米以外的空中目标。早在20世纪70年代，美国就曾多次抗议苏联用微波束照射美国驻莫斯科大使馆，使其工作人员受到伤害。

从美苏研制微波武器蛛丝马迹表明，美苏研制的高功率微波武器发出的高功率微波束有可能引爆炸药或核武器、破坏整个武器系统。显然，这是人们必须严重关注的。

除了美、俄外，英、法、德、日等国也在加紧研制自己的高功率微波

微波武器应用到"战斧"巡航导弹

武器。例英国早已研制微波炸弹，日本已进行了用电波"击毁"飞机的试验，法国"用微波武器毁伤电子设备"作为研制重点并进行了样机试验，法国还和德国联合研制一种采用驱动线性加速器的新型高功率微波源。

就整体水平而言，美俄处在第一层次，两家水平相当，而俄罗斯在微波源方面的有些技术水平还高于美国。

研制高功率微波武器正在攻克的主要方向有三：一是探索应用更为广泛、研制装备经费更省的中等功率的微波武器，以便用中等功率而不是高功率微波获得杀伤效应；二是小型化，减轻重量，缩小体积，以适应现代战争机动化需求；三是由外场试验更多向实战使用过渡，并尽快装备部队，从而真正在实战中经受战场检验。

已非空谈的未来攻防

未来高功率微波武器的作战运用主要有两种形式，一是地基固定式，即在固定地域配置高功率微波武器，以保护首脑机关的指挥中心、导弹发射阵地、重要城市、工厂、仓库、基地，配置若干个高功率微波武器系统，攻击来袭飞机、导弹，扰乱或摧毁这些来袭目标所使用的指挥、搜索、控制系统，使其丧失战斗力；另外一种是机动式，可分为机载、舰载、车载和弹载等几种形式，前三种分别以飞机、舰艇、车辆为平台，攻击空中、陆地、海上的各种目标，弹载则以各种导弹、炸弹为载体，利用爆炸能量产生微波能量攻击各类目标。

随着航天技术的快速发展，微波武器的第三种作战形式已走进人们的视线，即将微波武器装备在航天器上，攻击卫星等太空目标或地面、海上乃至空中目标。显然这第三种作战方式将随着太空战场越来越被重视而"行情看好"。

当然，微波武器和其他武器一样，也不是万能的。微波武器本身就需要一套情报、侦察、定位、发射、跟踪等相应系统的支持，干扰、破坏、摧毁这个系统中的任何一个环节也就是攻击了微波武器，此其一；微波武器最大弱点是易被反辐射导弹跟踪、攻击，此其二；被攻击的飞机、导弹、卫星等本身采取反微波措施，也能防微波武器的攻击。有矛就有盾，随着微波武器的研制发展和逐渐亮相，预防和对付的办法也会"与时俱进"。

神奇的敌我识别装备

敌我识别是现代战争重要一环，堪称战争舞台另类角逐。敌我识别装备性能与对抗技术的发展，如今愈来愈引起各国军方的广泛关注。伊拉克战争中，一架英军"旋风"战斗机在返回途中，遭到美军"爱国者"导弹的拦截，造成机毁人亡；此后，美军一架F-16战斗机在执行任务时又误炸了自己的"爱国者"导弹阵地。美、英联军如此频繁的误伤事件，尽管原因有多方面，但其中一个重要因素，就是敌我识别系统出现了问题。

信息战场"电子口令"

口令是军人所熟悉的词语。从古到今军队站岗放哨都要用事先约定的口令来分辨敌我，特别是夜间作战，两军相遇不仅要问对方口令，而且相距较远时还要看对方佩戴的标志，以避免自相残杀。但随着机械化、信息化武器装备的不断出现，导致战争进程加快，敌我双方对抗常常是高技术兵器的远程厮杀，作战形态常常是非接触样式，于是出现了运用无线电技术而发明制造的敌我识别器，即用电子方法产生"电子口令"来实现远距离敌我识别。

敌我识别器与雷达具有同样悠久的历史。1935年英国空军司令部首次提出了要攻击敌方飞机，首先要用无线电手段识别是"友"还是"敌"。敌我识别器与雷达协同工作，识别的"友"、"敌"信息通常可在雷达显示器上表明。敌我识别器一般由询问器和应答器两个部分组成并配合工作，其工作原理是询问器发射事先编好的电子脉冲码，若目标为友方，则应答器接收到信号后会发射已约定好的脉冲编码，如果对方不回答或者回答错误即可认为是敌方。敌我识别器通常在C3I系统、地对空防空导弹系统以及军用飞机等作战平台上已广泛应用。

"克里姆"-2型敌我识别器

战场信息"生死攸关"

对敌我识别重要性的认识，是通过1973年第四次中东战争得以加深的。当时战争的第一天，埃及防空部队在击落以色列89架飞机的同时，也击落了自己的69架飞机，其中敌我识别器未能很好地发挥作用是重要原因之一。此后，军事家们不仅注重完善敌我识别技术装备，而且还把目光转移到了敌我识别对抗技术上。敌我识别对抗，是运用敌我识别干扰设备对敌方敌我识别器实施电子干扰的作战行动，其干扰设备有压制式干扰机和欺骗式干扰机两种。压制式干扰可造成敌方敌我识别器工作紊乱，无法分辨"敌"与"友"；欺骗式干扰可使敌询问器认"敌"为"友"，从而达到欺骗目的。

尽管敌我识别器面临着电子干扰的威胁，但真正干扰它却有很大的难度。

一是干扰频率很难对准。敌我识别器工作频率一般比较保密，且询问器与应答器的发射载频不对应，通常相距很远，故干扰机很难把干扰频率调准，若采用宽带阻塞其功率损失又较大。二是编码加密不易干扰。敌我识别器大多采用单脉冲技术、旁瓣抑制技术、灵敏度时间控制、抗同步异步干扰以及反杂波电路等抗干扰措施。因此，敌方要预测分析它是极其困难的。三是干扰所需功率大。据国外有关资料分析，截至目前的历次战争中，还没有对敌我识别器干扰成功的战例，而美、英联军在伊拉克战场上的误伤、自伤事件，也不是伊军的电子干扰有什么作为，只是美、英联军敌我识别器发生了故障，导致了判别失误。

信息对抗"游刃有余"

为提高敌我识别器信息对抗效能，避免自我伤害和防止被敌偷袭，未来敌我识别器的发展趋势是：能够满足三军使用，强调通用性和标准化，特别是改进型要与早期产品兼容。此外，为适应激烈复杂的电子对抗环境，抗干扰性能已成为衡量产品优劣的重要指标。其技术发展方向为：一是不断改进密码技术。要求敌我识别器能够迅速更换密码组合，能根据需要随时更换密钥，以保证系统的安全性。二是开发数据融合技术。采用融合技术，使敌我识别器与其他探测器进行数据融合，使多

欺骗干扰机装备在 F-15 战斗机上

种传感器获得的信息在敌我识别器上作相关和判决处理，进一步增强敌我属性的识别力。三是采用扩频与时间同步技术。采用扩频技术是将信号频谱扩展在很宽的频带上，使敌方不易接收和干扰。

针对敌我识别技术的发展，敌我识别对抗技术也在不断地创新。重点是注重密码破译，运用计算机技术破译敌方密码的结构、加密算法及所使用的密钥，并有效实施欺骗干扰；二是瞄准扩频侦收；三是探索综合干扰。针对敌我识别器抗干扰能力强的特点，可采用综合干扰技术对其实施干扰。目前比较先进的敌我识别器干扰设备是美军的 AN/ALQ-128 欺骗干扰机，主要装备在美军 F-14、F-15 战斗机上。

全新电子战装备登上战争舞台

科学技术的飞速发展，正在催生电子战装备发生一场革命：从防御性的自卫、监控装备，发展成为进攻性的软、硬结合的毁伤性武器；突破通信、雷达对抗的范畴，扩展到指挥、控制以及光电、水声等领域。电磁战场主动权的争夺将更加激烈，从而极大地刺激电子技术和战术的发展，使电子战装备发展到更高层次。

高强度全频谱电子干扰系统：电子软杀伤的骄子

未来作战，以高强度全频谱的电子干扰源，形成陆海空一体化的干扰网，广泛地对敌实施电子"软杀伤"，无疑是瘫痪和摧毁敌方作战指挥控制系统的最有效方法之一。海湾战争，多国部队正是凭借有效的电子干扰、压制，使伊军的预警、雷达、通信等指挥控制系统变成了"瞎子"、"聋子"。

所谓高强度，是指增强干扰功率，发展强功率的干扰设备；全频谱，是指拓宽干扰源的干扰频带，向低端的声频和高端的光频扩展，使其包括射频对抗在内的光学对抗和声学对抗的较大范围。

目前，美国海军已成功研制了世界上功率最大的电子干扰系统，它可以成功地实施大功率杂波干扰和跟踪遮断欺骗性干扰。此外，一种可覆盖低频、短波、微波、毫米波、红外光和可见光等全部频谱的电子干扰机也正在研制中，它的研制成功，将能对雷达、无线电导航、红外光制导、无线电通信和激光制导等实施有效的干扰、压制，极大地限制敌方指挥、通信等系统发挥应有的作战效能，进而达到制约敌方作战行动的目的。

反隐身技术装备：让"无影遁形"不再神秘

隐身技术的发展，大大降低了侦察探测系统的威力，并对传统电子战手段提出了严峻挑战。为有效对付隐身技术所带来的威胁，目前，世界一些国家正在积极研制反隐身技术装备：

一是扩展雷达工作频率，发展长波和毫米波雷达。如采用 30 千兆赫或 94 兆赫的毫米波雷达，就可跳出目前隐身技术所能对抗的波段，使现有隐身技术的效能大大降低或失效。

二是采用先进的信号处理技术，充分利用目标的相位信息和极化信息，提高雷达探测性能；采用功率合成

让隐身不再"神秘"的反隐身技术装备

技术和大压缩比脉冲压缩技术，增大雷达发射功率，提高雷达的作用距离。如美国研制的 FPS-108 大型相控雷达，峰值功率为 15.4 兆瓦，平均功率为 1 兆瓦，作用距离为 3600 千米。在观测雷达散射截面积为 0.1 平方米的目标时，作用距离达 1500 千米，可有效对付 B-2 隐身战略轰炸机。

三是研制和使用双基地和多基地雷达，通过利用隐身飞机散射雷达波信号的空间特征，接收其侧向或前向散射的雷达波信号，达到探测的目的。

四是发展可接收金属目标散射的谐波能量信号的谐波雷达。隐身武器尽管采用雷达吸波材料，但其仍属于人造金属物，也会产生谐波再辐射。

因此，研制能接收隐身武器散射的谐波能量作为目标回波信号的谐波雷达，将成为探测隐身武器的一种新体制雷达。

蓝绿光通信装备：穿透海水障碍的新秀

由于海水对普通无线电波有着极强的吸收能力，一直以来，深海被视为是无线电通信的"禁区"。而如今，随着科学家对蓝绿光通信装备研究的深入，这一禁区可望在不久的将来既被突破。蓝绿光通信，是激光通信的一种，是采用光波波长为450～570毫微米的蓝绿激光束通信。与普通无线电波相比，蓝绿光通信穿透能力强，能穿透海水直至海洋深处；耗能极少，以498毫微米的蓝绿光穿透2000米深度的海水为例，其透光程度平均可达90%～95%；不易被敌测向和侦察，潜艇采用蓝绿光通信，在深海处不用上浮就能够与地面进行通信，这样就避免了敌方无线电测向船、侦察飞机或监视卫星的测向、侦察和监视，更便于隐蔽作战企图。

20世纪80年代初期，美国用532毫微米的蓝绿光进行通信试验，成功地将一束在4万英尺（约12000米）高空发出的输出功率值为1瓦的光脉冲传递到了一艘巡航在实战深度的导弹核潜艇上。目前，这一技术正在进展中。蓝绿光通信装备的研制成功，将为实现深海通信开辟一条高技术化的新途径。可以想见，在未来的作战中，潜艇完全可以在海底的任何位置实时与地面和空中保持通信联系，从而摆脱敌方的侦察、干扰和摧毁，为进行有效的电子战行动奠定基础。

流星余迹通信系统：遮挡电子"耳目"的高手

所谓流星余迹通信，简单地说就是利用流星通过大气层时留下的"尾巴"进行通信。这种通信方式，能够缩短无线电波在空间的暴露时间，属于瞬间通信的一种新形式。科学研究证明，具有波动的物质都可以反射无线电信号，并用来传递信息。由于流星余迹也是一种波动物质，当将无线电电波对准其发射时，即会产生前向反射和后向反射。前向反射可用于流星余迹通信，而后向反射则可用于对流星的雷达观测。流星余迹通信的突出特点：

一是保密性好，抗干扰能力强。流星余迹稍纵即逝，且对无线电电波反射具有明显的方向性，不易遭敌方侦察、截获和干扰。

二是传输距离远，通信稳定性好。试验表明，利用普通的八木天线，当发射机输出功率为千瓦时,通信距离可达 2000 余千米,且不会因时空、气候等变化影响通信质量。

三是随机性强,可有效地抵御敌方的电子攻击。

目前,一些国家的军队已经初步建立了用于军事目的的流星余迹通信系统。随着军事高技术的发展,流星余迹通信将成为电子对抗的一种有效手段。

定向能武器:电磁战场上的"撒手锏"

据军事专家预测,不久的将来,定向能武器将成为电磁战场上最致命的"杀手"。定向能武器,是一种利用高热、电离、辐射等综合效应的激光束、微波束和粒子束等能量对目标实施杀伤的武器。同其他武器相比,定向能武器对电子设备有着更独特的杀伤优势:具有强大的"聚能"功能,将能量聚集成密集束流,击中目标时,可在瞬息之间就将目标内部的电子器件击穿,并使目标的表面迅速气化;具有接近光速的射速,射击 3 千米处的目标,仅需要十万分之一秒。

电磁战场"撒手锏"——定向能武器

特别是其利用电磁能代替爆炸能的特性，几乎是在射击的同时，对方的电子设备就在无声无息中被摧毁。此外，由于定向能武器的射速极快，对方的电子设备无法对其实施干扰，而这些电子设备一旦被发现，就难逃被摧毁的厄运。目前，定向能武器尽管仍处在开发和研制中，但其巨大的军事潜力和诱人的战场前景，已引起越来越多国家军队的重视。

形形色色的激光武器

运行神速的激光武器

激光武器是利用激光直接攻击目标的定向能武器，俗称"死光武器"。按照激光武器的功能可大致分为用于光电对抗、防空等的战术激光武器和用于反卫星、反天基武器站及反洲际弹道导弹等的战略激光武器。激光武器是靠激光束射中目标后产生的热破坏效应、力学破坏效应以及辐射破坏等效应来摧毁目标的。其中热破坏效应称作热烧蚀，是激光武器的主要破坏效应。目标受到激光照射后，其表层材料会吸收激光而被加热，产生软化、熔融、汽化、直至电离。这样就在目标上造成凹坑甚至穿孔。如果目标是人眼，则很易烧坏眼角膜、屈光介质或视网膜。其它效应同样会使目标遭到破坏。激光武器主要由激光器、精密瞄准跟踪系统和光束控制与发射系统组成。

激光器是激光武器的核心，它用来产生有杀伤破坏作用的激光束，如研究与发展中的二氧化碳激光器、掺钕钇铝石榴石激光器、化学激光器、准分子激光器等。精密瞄准跟踪系统可引

运行神速的激光武器

导激光束精确地对准目标射击，并判定破坏效果。由于激光武器是靠激光束直接击中目标并稳定地停留一段时间而产生破坏效果的，因而对瞄准跟踪的速度和精度要求很高。国外已在研制的有红外、电视和激光等高精确度的光电瞄准跟踪系统。光束控制与发射系统的作用是根据瞄准跟踪系统提供的目标、方位、距离等数据，将激光束快速、准确地聚焦到目标上，并力求达到最佳破坏效果，其主要部件是反射率高并耐强激光辐射的大型反射镜。国际上已在研究采用轻质复合材料镜，并积极研制相控阵式的光束发射镜。为克服大气可能对激光束的影响，也在发展采用相位校正技术的自适应光学系统，如可变形镜等。

由于激光也是光，也有光固有的特性，既能使激光武器具有快速、反应灵活、命中率高和抗电子干扰等特性，特别适合用于拦截低空来袭的飞机、导弹和大规模进攻的洲际导弹等，也存在着随射程增加，射到目标上的激光光斑增大而使功率密度降低、破坏力减小和受大气作用特别是受天空中的雨、雾、雪与战场上的烟尘、人造烟幕影响的缺点。因此，激光武器不能完全取代现有武器。目前，大国对激光武器的研究十分重视，组织

激光武器的核心——激光器

无声的战场：电子战 ◆◆◆

了庞大的队伍，投入了巨额资金，因而取得了长足的进展。例如，一系列的激光武器打靶试验，用激光破坏了不同距离的光电装备，用激光武器装置击落了炮弹、靶机、反坦克导弹和空空

军事科技的尖端——激光武器

导弹等飞行目标。现在，最成熟的激光武器应属激光致盲武器，这种武器不但可在战场上使用，也可用来维持治安，其它武器也会逐渐成熟并投入战场。由于激光武器是又一类新的武器，因此也遭到世界爱好和平的人民的反对，国际上已有禁止发展和使用激光武器的要求。

攻击人眼的激光致盲武器

1988年9月20日深夜，一名韩国警察偷偷潜入某国住汉城（今首尔）奥运村的女运动员宿舍，企图非礼一名女体操运动员。当这位警察跳窗而入，受到女运动员斥责、抗议仍动手施暴时，运动员大声呼救报警，警察只好急忙按预定逃跑路线逃走。但是，就在他跑出几十米之后，只见面前一道金光，他顿时两眼一团漆黑，甚至来不及揉一下眼睛，便在急速的奔跑中跌倒在地，随后几名军警将其擒获。这时，他才清醒过来，他被捕了。而使他被捕的东西，就是在各个监视网点上和电视摄像机同步扫瞄的激光致盲武器。激光致盲武器是利用激光束照射人眼和武器装备中的光电传感器等元器件，使之受到干扰、迷茫、过载或造成损伤的一类激光武器。这类武器可使观测仪器失效，跟踪与制导系统失控，弹头引信失灵，也可使射手等人员因视觉障碍而失掉作战良机，并且会产生强烈的心理威胁。激

◆◆◆ 细数电子战装备

光致盲武器是一种有效的光电对抗装备，能够起到干扰、压制或阻遏敌方的观测、跟踪、射击或精确制导武器进攻等作用。激光武器可用来维持治安、震慑或捕捉盗窃犯、强奸犯、纵火犯等犯罪分子。美国等许多国家在研究和发展此类激光致盲武器系统方面取得了很大进展。例如美国研制的"鲑鱼"激光致盲武器即将装备美国陆军部队。权威人士指出，在美国拟定的非致死性战争战略中，激光致盲武器将是美军非常重要的一种非致死性武器。

百发百中的激光制导炸弹

攻击人眼的激光致盲武器

激光制导炸弹是用激光进行制导的航弹，简称激光炸弹。激光炸弹前部装有激光导引头和控制舱，尾部装有弹翼。投弹时，飞机机载目标照射器向目标发射激光束，导引头则接收从目标上散射回来的激光作为导引信号，再通过光电变换形成电信号，输入控制舱，控制弹翼，从而实现制导飞行，直至目标。激光制导炸弹由于使用了激光制导，从而大大提高了炸弹命中的精确度。激光制导炸弹可算是最早用于战场的激光武器。在越南战争中，美国使用了25000颗激光制导炸弹，摧毁坚固目标1800个，命中率大大提高，高于历史上任何一次空中投弹精度。因而声名鹊起，曾广泛地被新闻界称之为灵巧武器、灵巧炸弹。激光制导炸弹具有投弹命中率极高、不受光电干扰等优点，但也不是不可防护的武器。就在越南战争中，美军大量使用激光制导炸弹轰炸越南交通枢纽、仓库、电站等重要目标时，越南军民使用多种措施，成功地保卫了重多战略目标。其中安富发电厂防空作战的成功，说明激光制导武器也是可防的。他们运用烟幕，同时使电

无声的战场：电子战 ◆◆◆

用激光进行制导的航弹——激光炸弹

站发射水蒸气，配合遮蔽电厂，从而使美军激光制导炸弹空袭失败。有一次空袭，美军投弹多枚，只有一枚落在电厂围墙附近，其它炸弹均不知落在何处，最终保卫住了这座河内最大的电厂。

预卜厄运的激光报警器

激光报警器是一种装备在坦克、战车、军舰和飞机上用来探测敌方激光制导武器、激光测距机、激光雷达和激光武器等的被动侦察设备。20世纪70年代初开始研制，目前仅少数型号，如美国的直升机激光报警器。激光报警器根据激光的特性，在激光束变成电信号之前加激光识别装置，以鉴别信号是否由激光源发出的，然后确定激光的各项参数，如波长、脉宽和光强，然后经放大器处理放大后送入微处理机进行分析、对比、处理，最后，一路以声光等形式发出报警，告知有激光照射到本激光报警载体平台（如车辆或飞机）；一路则直接通知干扰对抗系统，如发射烟幕弹，将激光束遮蔽，以减少激光照射和反射光束，从而保护报警器载体。随着激光

◆◆◆细数电子战装备

预卜厄运的激光报警器

武器、激光测距机和激光雷达等武器装备的出现和发展，激光报警装置将越来越多地出现在军队的防护系统之中。

精确万分的激光测距机

距离对于准确射击是非常重要的工作。激光测距机就是利用激光测量目标距离的一种先进装置。激光测距的工作原理是：首先向目标发射激光，然后接收从目标上反射回来的光束并同时测算出激光束往返这段距离的时间，根据此时间便很容易地算出目标距离，因为光速是一家喻户晓的定值。激光测距机一般由发射、接收、处理、显示和控制等部件组成。它具有测距精度

精确万分的激光测距机

WUSHENG DE ZHANCHANG:DIANZIZHAN

高、抗干扰、作用距离远等优点，既可用于单兵观测，又能安装在导航和火控系统中使用。激光测距机已有较长的历史。20世纪60年代初研制成功的第一代红111第三代激光测距机使用二氧化碳和一些新型固体激光测距机等。这些新型测距机可以克服上述伤害人员眼睛和在恶劣环境中传输性能差的缺点。

防空作战中的武器精品——激光防空武器

防空作战武器多种多样，激光防空武器可谓是防空作战武器中的精品。激光防空武器是利用激光拦击空中来袭目标的激光武器，也称防空激光武器或防空光炮。这种武器通过干扰、破坏关键光电元器件或毁伤壳体等方式，能够拦截飞机和精确制导的炸弹、炮弹、导弹和火箭等，可在多层次的综合防空系统中发挥独特的作用。其中对巡航导弹的防御，意义尤为重大。为了激光防空武器的实施，人们研制的器件有气动激光器、电激励激光器和化学激光器等。激光防空武器可有车载、舰载和陆基等部署方式。

激光防空武器——空光炮

科幻式的单兵武器——激光手枪

我们在美国、日本等的科幻动画片中，常常可见到未来的人类使用的种种死光武器，其所射击的目标，无不被它所摧毁。目前，美国陆军正在研制的一种激光致盲武器虽没有科幻片中的武器那样厉害，但也确实是单兵作战的锐利武器。

激光手枪采用蓝宝石激光器，输出的激光波长为 780 纳米（极小的长度单位），用氦一氖激光器辅助瞄准目标。研制中的激光手枪样枪有两种。一种的输出激光能量为 0.5 焦耳，另一种为 4 焦耳。两种激光枪均可以使热成像装置、激光测距机以及人眼致盲。其中一种手提式样枪由两部分组成，即激光发射机，包括谐振腔、激励源和冷却器等，这些均装入一个长 35.6 厘米、宽 5.1 厘米和高 11.4 厘米左右的铝制壳体内，还有作为第二部分的可拆卸的枪托和手柄等。可以看出，此种手枪还只能算一个装置，尚不能走向战场。

ABL——跨世纪的工程

ABL 是机载激光器的简称。美国从 1992 年开始，投入大量人力、物力和财力，加紧研究 ABL，到 2008 年投入使用，其目的是把高能激光载入 12000 多米的高空，使大气不能阻碍激光的传播，有效杀伤空中或太空的目标，尤其对各种中程导弹威胁极大。

1996 年，美空军参谋长罗纳德·福格里曼将军指出："机载激光器是 40 年米战场技术最革命的进步，无声、长距离、光速且致命的激光武器在高威胁的防空环境中潜力是惊人的。机载激光武器应与隐身的发明、GPS 的

科幻式的单兵武器——激光手枪

无声的战场：电子战 ◆◆◆

研究（全球定位系统）和曼哈顿项目（美原子弹计划）并驾齐驱。"美国的ABL工程受到各国军方的高度关注。

美国空军早在20世纪70年代就开始研究机载激光器。不久，首套机载高能激光器问世，简称为ALL，在试验时，它成功地捕捉并击毁一枚AIM-9B"响尾蛇"空空导弹。但是，它采用的激光波长为10.6微米，比较长，激光束传输距离近，体积过于庞大，很多部分不适于实战要求。

在海湾战争中，伊拉克发射的"飞毛腿"导弹对多国部队造成很大的威胁。美国曾用"爱国者"导弹拦截"飞毛腿"导弹，结果发现，"爱国者"导弹的拦截率极低，并且它的价格又十分昂贵，难以满足实战的需要。在美国国防预算中，一直把

具有ABL的美用飞机

防御弹道导弹作为一项重要内容，投入了大量经费，取得了明显的成果。尤其是对于导弹的末段拦截研究充分，较为成功。美军认为，机载激光武器是导弹助推段拦截的有效方法。如果彻底解决了这一拦截方法，则对敌人射来的导弹拦截就万无一失了。

实际上，美国研制ABL有很多有利条件，已经具备一定的技术基础。首先，波音747飞机机身宽敞，可以把沉重的激光器载至天空并停留一段时间。其次，空军武器实验室（后并入菲利浦斯实验室）已于1977年研究出化学氧碘激光器。1984年第一台超音速气流化学氧碘激光器进行了演示验证。1987年发明了磁增益开关的脉冲化学氧碘激光器。1989年进行了700瓦高功率连续波倍频演示验证。

化学氧碘激光器是世界上波长最短的高功率化学激光器。它是由氯气与碱性过氧化氢反应产生氧分子的激发态，受激氧传递共振能量激发碘，

经激光放大区得到波长为1.315微米的激光。该激光可以按比例放大到很高功率,可以在适当的压力与温度下工作,光束质量完全可以满足机载激光系统的要求。激光器的运行方式为连续波或脉冲式。总重量为45.4吨,一架波音747飞机可携带该系统及发射约40次激光所需的燃料。1994年进行了一系列演示试验。它能摧毁AIM-9"响尾蛇"空空导弹和BQM-34巡航导弹模型,在增加功率情况下可追击中程弹道导弹。并且,在陆军高能激光系统试验基地用中红外激光器试验,攻击"飞毛腿"导弹和坦克复式装甲不锈钢板。结果,在1~3.5秒内目标碎裂。在激光束控制系统方面,过去ALL因飞机震动源与大气湍流的影响会使激光束抖动,攻击目标精度较低。

ABL,比ALL先进得多了,激光束轻微抖动。它照射300千米远的目标,只在20厘米~30厘米之内抖动,精度较高,基本保证了高能激光束能准确打击目标要害点。

另外,自1992年起,美国菲利浦斯实验室就开始分析大气湍流对激光束的影响和对自适应光学系统为这些湍流进行补偿能力的影响。自适应光学系统利用计算机控制镜子,在一秒钟内数千次调整形状以补偿大气湍流的影响。休斯公司和洛克希德·马丁公司专门研制激光光束导向器,具有丰富的经验。他们在波音747机头安装大旋转塔,塔上安装光束导向器。根据空军的计划,将在光束导向器中安装无源红外传感器。该系统可在360°范围内进行扫描,机载激光器系统的最佳发射角度为10°~30°,晴天还可以更低一些。波音747飞机将连续18个小时作8字形飞行,只要与陆基、舰载和机载雷达密切配合,就可以全面掌握空中情况。指挥官根据预先制定的作战原则,对威胁作出反应。

ABL工程设计要求:波音747飞机飞行高度为12000多米,当导弹穿过云层距飞机480~960千米时,机载激光器可发现来袭导弹,先发射一束低能激光束照第一枚导弹,利用反射回来的激光测定导弹的位置、来袭方向和导弹与飞机间的空气湍流等参数,并以每秒500~1000次的速度调节自适应光学系统,使高能激光束射向导弹的增压燃料贮舱,只需照射3~5秒钟,就可使导弹爆炸,接着对付其它的导弹。整个过程都是用计算机控制,自动化程度高，反应速度相当快。

机载激光器非同一般武器，具有很多特点，主要有：一是，通过在助推段拦截导弹把战区推向敌人领空。ABL可以部署在己方或友方领土或领空，密切监视敌方行动而不侵犯他国边界，不公开挑起战争却摆好架子，以其强大的摧毁能力震慑入侵者。一旦发现敌方导弹袭来，就在助推段将导弹击毁，使导弹的残骸落在敌方阵地，使敌人承担战争责任。不仅如此，可在装有化学、生物、放射性材料的小弹头布撒前将其导弹击毁，使其污染敌方本土。这样也威慑敌方不敢使用该类导弹。

二是可承担多种任务。ABL可提供精确跟踪和目标识别，可追踪到导弹的发射地点，它能与空军的机载预警与控制系统、海军的机载预警与地面环境集成系统及陆军的区域防空和点防空系统交换空中情报；可提供昼夜连续监视、探测、拦截导弹，并能迅速转移目标，精确度远远超过灵巧武器或导弹；可充当要害目标的防御保护平台，具有有效的自卫能力；在战争初期可担任指挥控制中心。此外，还担负两项秘密使命：可以神不知鬼不觉将敌方低轨道卫星与空中飞机击落。因为目前各国都开始重视低轨道小卫星的研究，美国空军已制定计划，准备在军事冲突期间让ABL在白沙导弹靶场或东西海洋沿海上空巡逻，待机击落敌方卫星。

三是成本较低。空军预计花费50亿美元就能制造出ABL，并装备在7架波音747飞机上。这些费用仅仅是"爱国者"导弹、战区高空区域防御系统和海军高低层防御系统等导弹末段拦截系统的费用的几分之一。一枚"爱国者"导弹价值100多万美元，用它来摧毁一枚1~10万美元的普通导弹有些得不偿失。然而，ABL发射一次仅需1000美元的化学物质，用它来击毁一枚普通导弹就划得来。另外，一个"爱国者"导弹连需配备6辆运输车和12辆加油车，只能进行48次发射，而5架ABL携带足够燃料可发射200多次，还能与其它武器相配合。

1996年，ABL处于整机设计阶段，空军拨款7亿美元作为演示和批准阶段的研制费。有6家公司组成两个小组竞争这项工程。一个小组是由波音公司、洛克希德·马丁公司和TRW公司组成，另一个小组是由洛克韦尔公司、休斯公司和E公司组成。他们均以波音747-400飞机为基础进行设计。

两个小组都造舆论表明自己的实力，以求夺标。空军计划选定主承包商后到 2002 年论证飞机，2006 年得到具有初等作战规模的 3 架飞机，到 2008 年得到具有完全作战能力的 7 架飞机。

虽然美国空军对研制 ABL 充满着信心，然而实际上还存在着一系列问题：第一，周期长，变化多。从 1996 年开始整机设计到 2008 年正式投入使用，前后达 12 年之久。其间，也许会导致威胁的改变，也许当 ABL 实际运用成熟时已产生新的威胁，这种武器系统究竟能否对付日益扩展的威胁还很

ABL 可承担多种任务

难说。第二，飞机有限而本身性能欠佳。为解决一个大的地区冲突需要部署 7 架波音 747-400 飞机才能进行全天候作战。如果出现第二个大的地区冲突还需 7 架波音 747-400 飞机组成编队，显然供不应求。一旦部分飞机被摧毁，战区覆盖与拦截导弹的能力必然降低。波音 747-400 机型较大且以 8 字形飞行，易被识别。第三，空军只规定了 12000 米的云层，而有时云层会厚达 18000 米，因而在阴云密布的环境中，ABL 的效能会降低很多。第四，因为激光不能穿过云层或稠密的大气层，因而不能对付低空飞行的导弹，如通过编程控制在低空飞行的巡航导弹，这对 ABL 是严峻的挑战。第五，ABL 在不加油的情况下只能在空中待命 6 小时，若要长时间执行任务。一个机队至少需要一架 C-17 运输机和 2 架空中加油机，空中加油与添加激光燃料都是问题。

尽管如此，ABL 仍是叩开 21 世纪大门的新一代激光武器，必然引起新的光电对抗。现在，针对即将出现的 ABL，人们也在寻求对抗措施，主要是：针对机载激光器的眼睛即光束导向器内的红外传感器进行干扰，但只

无声的战场：电子战◆◆◆

适用于其预警飞机未出动之前；对己方导弹进行加固和使其自旋提高抗激光束攻击的能力；改变己方导弹发动机喷焰亮度的形状，使其红外探测器不能准确定位。特别需要伪装防护导弹的致命位置如导弹增压燃料贮舱，或以耐高温反射镜保护；利用各种电子对抗方法，干扰和压制敌方 ABL 的 C3I 系统，施放欺骗性诱饵使敌方无法探测、追踪和拦截目标；

新一代激光武器——ABL 战斗示意图

使用烟幕、悬浮微粒掩护导弹发射；发展可在低空及超低空飞行的带有一定电子战能力的导弹；使用激光武器对抗 ABL 是最有效的方法。可以预见，在多年以后，还会有更多、更好的方法对付 ABL。

展望——电子战装备技术的发展

随着电子技术的飞速发展，电子信息技术设备已广泛渗透到各种作战装备和作战行动当中，从侦察、监视到预警，从通信、指挥到控制，从情报处理到作战决策，都离不开电子信息技术设备。未来武器系统的先进程度将越来越取决于其电子信息系统的先进程度。未来战争中电磁频谱控制权的斗争将会更加激烈，对电磁优势的争夺将成为交战双方争夺的制高点。

未来电子战装备技术的发展趋势：

（1）日趋一体化和通用化

现代战争中，战场上的电磁环境日益复杂，以往那种彼此分立、功能单一的电子战装备已远远不能适应作战需要了。一体化和通用化已成为当前电子战装备发展的重点和未来电子战装备总的发展方向。

所谓一体化，就是将功能相近、相互关联的数个设备组合成一个系统，从而简化系统，实现资源共享，提高电子战装备的信息综合能力和快速反应能力，同时对付多种威胁。如美军的F-4G"野鼬鼠"电子战飞机，将雷达告警系统、双模干扰吊舱、箔条和闪光弹投放系统、反辐射导弹发射系统与机上的雷达、导航、显示等电子系统组合成一个有机整体，对敌方雷达告警、识别和精确定位，然后酌情施放电子干扰软杀伤或发射反辐射导弹硬摧毁。

所谓通用化，是指电子对抗系统的设备普遍采用标准化的模块结构，通过组建多种作战平台通用的弹性系统骨架，使不同的系统、设备之间尽可能拥用相同的电子模块，相互之间可以通用，根据不同的对抗对象快速组装成功能不尽相同的电子战装备。这样，避免了设备的重复研制，降低了成本造价；减少了设备、器件的种类，简化了系统的后勤保障和技术维护；并最终有效地提高电子对抗系统的反应速度和作战效能。例如，美国现装备使用的电子对抗设备的型号达200多种，这些装备的设计、生产和维护极为复杂。而目前美军F-15战斗机上所使用的AN/ALQ-135电子干扰系统以及新研制的AN/ALQ-165电子干扰系统，则都遵循了新的模块化设计原则。法国研制成功的TMV-433电子战装备，既可用于舰船、潜艇上，又可用于直升机、巡逻机和海岸上，并能够根据作战平台不同，调整系统组件。

（2）自动化程度不断提高

为了更有效地对付现代战争战场上复杂多变的电磁威胁，未来新一代的电子对抗设备，将广泛采用先进的计算机技术，大幅度提高整个系统的自动化程度，以具备更好的实时能力、自适应能力和全功率管理能力。

所谓功率管理，就是通过一体化和自动化对电子干扰资源实施科学管理，以便使电子战装备能以最佳对策形式响应瞬时电磁威胁态势。功率管理技术的核心是计算机技术和控制技术。典型的功率管理系统由威胁信号接收机、计算机、干扰机、逻辑和控制接口设备等组成。通过采用功率管理技术，电子战装备可自动截获、分析、处理威胁信号，与计算机预先存储的威胁数据库比较，排列出优先顺序，决定哪些可以暂时不管，哪些必须立即采取对抗措施；然后由计算机控制选用有效的干扰样式和相应的辐射功率，以最佳的干扰调制参数和准确的频率、准确的方向、准确的时间，对敌方最有威胁的辐射源实施干扰；不断监视受干扰的辐射源对干扰手段的反应，鉴定干扰效果，效果不佳时可自动改变干扰方式。采用功率管理后，电子战装备的效率大大提高，可以同时对付多个威胁目标，多者甚至可同时对付上百个目标。

随着高新技术特别是计算机技术的发展，功率管理的内涵将不断扩大，并将把各种干扰软杀伤手段和硬杀伤手段结合为一个有机整体，针对不同的作战环境、不同的武器系统、不同的威胁辐射源，根据时间的急缓、指挥员的意想，采取最合理的预案、最有效的手段，对敌电子设备、武器系统实施分层次或一次性的压制和摧毁，使其彻底丧失战斗力。

如法国目前正在建造的"戴高乐"号核动力航空母舰装备的代号为"SEHIT-8"电子作战系统，中央控制室配备8台电脑，24个控制台，通过6台舰载雷达和80对天线，接收和处理来自舰队的其他舰船、预警飞机、侦察机、侦察卫星的信息，同时跟踪、辨别1000个不同的可疑目标或可能产生的威胁，指挥舰载战斗机、直升机、导弹和干扰系统进行攻击和防卫，其计算和探察能力比正在服役的航空母舰装备的电子作战系统高100倍。美军近年来装备的AN/ALQ-165、AN/ALQ-131、AN/ALQ-161等电子干扰系统以及正在研制的机载一体化电子战系统，都广泛采用功率管理技术，具有多种干扰能力，可同时干扰多部雷达。

新一代电子战设备将能够在微秒以至毫微秒的时间内，精确地测量威胁雷达的频率，精确地测定其方位，自动调整好发射机，准确地控制干扰波束的宽度和指向，对威胁雷达进行定向干扰或者进行其他相应样式的干扰；自动对威胁雷达实施脉冲重复频率跟踪，进行覆盖脉冲干扰或同时干扰多部雷达，及时鉴定干扰效果，实时修正干扰参数，确保达到最佳干扰效果。

(3) 工作频段不断拓宽

毫米波技术和光电技术的发展，使现代电子战装备的工作频率不断向更宽的频段发展。第一次世界大战时，电子战仅体现在通信对抗，在电磁波频谱中处于无线电波频段；第二次世界大战时，电子战除了包括通信对抗外，还有雷达对抗、导航对抗等，也处于无线电波频段。通信对抗、雷达对抗、导航对抗等又统称为射频对抗。而当前的电子战，除了包括上述的射频对抗外，还有红外对抗、激光对抗、水声对抗，等等。其中的红外对抗和激光对抗等又统称为光电对抗。在电磁波频谱中，红外对抗覆盖了红外频段；激光对抗则由于有红外激光、可见光激光、紫外激光和 X 射线激光之分，覆盖了更多的频段。从整体上看，未来电子战装备的工作范围必将扩展到整个电磁波频谱。

各种红外、激光探测、制导、火控系统的广泛使用，极大地提高了武器系统的抗干扰能力和作战效能。这些光电设备，在武器装备中所占的比例很大。在空对空导弹中，红外制导的导弹约占总数的 60%，在航空机载武器中，激光制导、电视制导导弹的数量还在增加。美国空军已将电磁对抗研究的重点，由射频领域转到光电领域，今后将会更加强调光电对抗研究，除继续完善和发展原有的投掷式红外干扰器材以外，还将发展各种机载红外干扰吊舱以及机内安装的红外干扰机。如美国空军研制的 AN/ALQ–144、AN/ALQ–147、AN/ALQ–157 机载红外干扰系统等。在激光领域的对抗方面，美军已经研制出 AN/AVR–2 型激光告警接收机，同时还在研制其改进型 AN/ALQ–191 激光告警接收机。在激光干扰设备方面，正在研制激光干扰箔条、激光干扰气溶胶和激光有源干扰机等。其中，激光有源干扰机，是利用高能激光束，照射攻击武器的导引头，以及探测系统的光电敏感元件，使其饱和甚至燃毁。这种激光有源干扰机，将成为对抗红外、电视、激光制导导弹以及光电探测系统的有效装备。

另外，仅就射频对抗而言，其工作频率范围也越来越宽，几乎覆盖了整个无线电波频段。20 世纪 80 年代研制使用的电子侦察装备的工作频率为 0.5~18 吉赫范围；90 年代研制使用的电子侦察装备工作频率范围将扩展到 40 吉赫；预计下一阶段，电子侦察装备的工作频率范围可达到 0.05~140 吉赫。

（4）处理能力和发射功率不断提高

高技术战争对电子战装备性能不断提出新的要求。随着战场上电子设备密度的增加，战场上电磁信号的密度大大增加。以空中雷达信号为例，20世纪70年代空中雷达信号密度是4万脉冲/秒，80年代剧增至100万脉冲/秒，90年代则达到100～200万脉冲/秒，而未来战争还将更高。每秒100万脉冲意味着什么？它相当于一架空中飞行的飞机，要同时受到1000多部雷达的照射。面对这样的电磁环境，现代作战飞机上的电子战装备必须有很强的接收、分析、处理电磁信号能力，迅速地区分出哪些是己方雷达，哪些是敌方雷达，并要区分敌方雷达的威胁性质和等级，以采取相应的对抗措施，否则飞机将很快被击落，根本谈不上执行作战任务。另外，在现代战争中，从敌方系统辐射制导电磁信号到武器击中目标的反应时间很短，有的甚至只有几秒到几十秒，如空空导弹一般只有3～4秒；地空导弹稍长些，"空中卫士"5.7秒、"响尾蛇"6.5秒、"斯伯达"7秒、"罗兰特"8秒、"长剑"8秒、"海标枪"13秒、"萨姆-6"30秒；反舰"飞鱼"导弹，从末制导雷达开机到击中目标是29秒；反坦克导弹的飞行时间一般为20～25秒，等等。因此，要求电子战装备的反应速度必须非常快，必须能迅速采取有效的对抗措施，以免遭敌方高技术兵器的攻击。

另外，现代战争也要求电子战设备的功率不断提高。解决这个问题，一是要提高单管的发射功率，将目前的单管连续波功率几千瓦，提高到今后的10千瓦左右；二是采用多波束干扰技术，该技术对单管发射功率要求不高，并且能做到360度全方位覆盖，也有利于实现方向和波束的功率管理；三是采用固态功率源，这样可以减小干扰发射机的体积、重量和耗电量，为建造大功率的干扰发射机奠定基础。

未来的电子战

新兵种——电子对抗部队

电子对抗兵与电子对抗部队

电子对抗兵是陆军的一个新兵种,是陆军中与敌方进行电子斗争的主要力量,是使用电子设备或器材与敌进行电磁斗争的专业兵种。它通常不与敌进行面对面地斗争,而是通过电磁频谱这一特殊领域与敌进行较量。其行动具有很强的技术性、隐蔽性和谋略性,并贯穿于作战全过程,对作战行动和结局影响很大。它通常按(团)大队、营、连编成。

电子对抗兵的主要任务是:搜索敌电子设备的电磁辐射信号,查明其类型、参数和部署情况;干扰其无线通信;团体同其他军兵种对

整装待发的电子对抗兵

敌指挥、控制、通信和情报系统实施干扰和火力突击，破坏敌指挥团体；干扰敌武器控制、制导系统，使其不能发挥出效能；与敌电子对抗兵进行斗争；协同其他兵种实施电子佯动和电子伪装等；发现并测定敌电子干扰兵力。电子对抗兵的主要装备有：各种类型的电子测向仪、干扰机、角反射器等电子侦察、电子干扰和电子伪装设备。

电子对抗兵由电子技术侦察、通信干扰、雷达干扰、反雷达伪装等部（分）队组成。

电子对抗部队，通常在各军种编成内协同其他兵种作战，有时也可单独遂行作战任务。其主要任务是实施电子对抗侦察，获取敌方电磁辐射信号的技术参数及设备类型、配置等情报，并对确定的目标实施干扰，削弱或破坏敌方电子设备及武器系统的使用效能，支援、配合作战部队的战斗行动，为战役、战斗的胜利创造有利条件。按作战对象，可以区分为通信对抗部队、雷达对抗部队。按专业种类，也可以区分为电子对抗侦察部队、电子干扰部队。

正在训练的电子对抗部队

电子对抗部队分别隶属于各军种。地面电子对抗部队，一般按团、营、连编制，有的国家还编有旅。航空兵电子对抗部队一般按大队、中队编制。水面舰艇部队编有电子对抗舰船。随着电子技术的飞速发展和军队现代化水平的提高，军队对电子设备的依赖性增加，电子对抗斗争也将更复杂、更激烈。各国的电子对抗部队将进一步改善装备，加强训练，提高质量，全面增强作战能力。

电子对抗部队发展史

第一次世界大战期间，交战双方偶尔使用无线电装备侦察和干扰敌方的无线电通信联络。第二次世界大战期间，开始出现专门执行电子对抗侦察和电子干扰任务的部队、分队。1940年6月，英国组建第一支地面电子对抗部队——皇家空军第80联队，成功地干扰了德国空军的导航波束，有效地遏制了德国空军的空袭行动。

随着雷达的大量使用，雷达对抗迅速兴起，英、美空军相继建立电子对抗飞行大队或中队，装备专用电子对抗设备。在作战中，采用在敌方防御体系外实施远距离干扰支援，在目标区附近实施近距离干扰支援以及随同轰炸机编队实施随行干扰等基本战术，支援和掩护攻击机群的作战行动。大战后期，英、美海军还改装部分舰艇，加装电子对抗设备，用于配合诺曼底登陆战役和冲绳岛登陆作战。

苏联军队于1943年建立电子对抗部队。战后，不少国家沿各自的国境线部署地面电子对抗侦察部队，并与其他电子侦察手段相结合，对敌方实施经常的不间断的侦察监控，获取敌方电子对抗情报。越南战争，特别是20世纪70年代以后的几次局部战争，电子对抗显示了巨大作用，引起各国军队的重视，不少国家甚至中小国家也相继组建电子对抗部队，发展电子对抗装备，加强电子对抗部队的训练，提高电子对抗作战能力。20世纪90年代初，一些较发达国家的军队，不仅编有专门的电子对抗部队，而且作战飞机、舰艇乃至作战车辆，都装备了用于侦察、告警和干扰的电子对抗设备或综合系统，形成了庞大的电子对抗力量。

中国人民解放军电子对抗部队

中国人民解放军于 1958 年 9 月组建独立无线电技术勤务营，专门担负电子对抗任务。1960 年 4 月，将独立无线电技术勤务营扩建为无线电技术勤务团。20 世纪 60 年代中期至 70 年代中期，为加强电子对抗侦察力量，又先后组建一批电子对抗侦察部队、分队；70 年代末期以后，地面电子对抗部队进一步发展，空军、海军增编一定数量的电子对抗飞机和舰船，电子对抗部队的作战能力不断提高，在军队现代化建设和边境防御作战中发挥了重要作用。

中国人民解放军电子对抗部队

地面电子对抗侦察站

地面电子对抗侦察站遂行电子对抗侦察任务的地面专业分队。按侦察对象，主要分为雷达对抗侦察站和通信对抗侦察站；按侦察任务，分为电子对抗情报侦察站和电子对抗支援侦察站；按机动性，分为固定电子对抗侦察站和机动电子对抗侦察站。雷达对抗侦察站的基本任务是：及时发现并连续监视侦察区域内敌方地面（水面）、空中雷达及雷达干扰设备的工作情况，准确测定战术技术参数，判明类型和用途；确定敌方雷达的位置；通过长期观测，掌握敌方雷达使用特点和活动规律。通信对抗侦察站的基本任务是：掌握侦察区域内敌方无线电通信网路的组成、性质、级别和工作规律，准确测定通信信号的外部特征参数，并对电台测向定位；及时发现敌方通信干扰设备的工作信号，准确测定干扰信号技术参数，分析其使用特点。电子对抗情报侦察站通过对载有雷达的敌机（舰）及与雷达关联的敌方地面武器系统的侦察，或者通过对敌方无线电通信活动的侦察，可

◆◆◆◆ 未来的电子战

地面电子对抗侦察站

及时发现敌方的异常活动，判明其行动企图。电子对抗情报侦察站对侦获的情报资料进行初步整理，包括资料的收集积累、分析整理、识别判断、查对核实。处理后的情报资料报告上级情报处理机构，作进一步综合处理。电子对抗支援侦察站的基本任务是：及时发现敌方雷达、通信等电子设备的工作信号，测定其战术技术参数，迅速判明其性质、平台、用途和威胁等级，向电子干扰分队及火力、机动分队提供实时情报支援。

高技术条件下电子对抗兵运用特点

（1）先期打击、全面渗透、贯穿始终

按传统观点，空袭和地面远程火力突击是合同战役的序幕。电子对抗兵的出现，改变了这种观点，战场争夺空间从陆地、空中、海上扩展制电磁领域。电子打击作为一个独立的作战阶段出现在火力突击之前。海湾战争爆发前六个月内，美军就利用外层空间的侦察卫星和高空战场侦察机，对伊拉克军事目标进行不间断地监控、侦察，获取了大量的电子情报。空袭前一天，美军对伊拉克的军事指挥机关、防空系统等重要目标的电子设备，实施全时压制性电子干扰，致使伊军通信中断，雷达迷盲。

由此可见，电子打击（争夺制电权）——火力突袭（争夺制空权）——地面进攻与防御（决战）将成为战争中普遍的作战程序。电子对抗的范围将由过去以雷达对抗、通信对抗扩展到制导对抗、导航对抗、光电对抗。电子对抗的触角将深入到战场各个角落，电子对抗在时间上将是全过程的，贯穿于作战始终。整个作战过程将始终充满着电子侦察反侦察、干扰反干扰、摧毁反摧毁的激烈抗争。

（2）电子对抗与火力、机动融为一体

现代战场上电子对抗兵的运用，必须同火力、机动融为一体，进攻作战时，敌防御纵深内的预备队、核化武器、火力支援部队对进攻部队构成主要威胁，要削弱这些威胁，减轻进攻部队的压力，必须使用电子对抗对这些重要目标的电子设备实施压制干扰，同时使用远程火炮和空中支援火力对其进行摧毁，并有效地实施机动与敌对抗；防御作战时，对敌指挥与火控系统实施电子干扰，使敌指挥失控、协同紊乱，同时用火力攻击敌后供给线，使用飞机或火炮在敌必经地段布设雷场，滞迟、消耗敌人，并适时机动火力、兵力将其消灭。

（3）重点打击、严密防护

重点打击敌方C4I系统，严密防护己方C4I系统，是电子对抗的首要内容。指挥机关是军队的"大脑"，是战场一切活动的控制中枢，应首先打击敌方的C4I系统。在重点打击敌方C4I系统的同时，要严密防护己方的指挥控制枢纽，尤其是在技术装备还落后于作战对象的情况下，严密防护显得更为重要。严密防护除采取转入地下，疏散配置，设立假目标等手段外，还必须尽量减少电子暴露征候，战前严格控制电磁辐射，战斗过程中，在保证完成任务的前提下，尽量少展开电台、少使用大功率设备，使用定向天线和高技术通信方式。同时加强通信保密，堵塞一切泄密渠道。

（4）传统技术、战法与新技术、战法相辅相成

电子对抗传统技术主要指消极干扰技术，如干扰箔条、干扰丝、烟雾等。电子干扰新技术主要体现在四个方面：全频段——干扰覆盖范围已突

破极高频段向光波段发展；大功率——俄军"渡口"无线电干扰机最大功率已达10万瓦；多载体——干扰机载体已从摆放背负、车载发展到机载、无人驾驶飞航、炮弹投掷；多制式——除干扰调幅、调频制式外，美军正在研制跳频制式干扰机。

电子对抗的传统战法，主要是伪装、欺骗和佯动。新战法主要指"软"、"硬"杀伤结合，电子、火力、机动融为一体，陆、海、空、天联合实施立体电子战。现代战场上的电子对抗，传统技术战法与新技术战法结合使用，相辅相成。如海湾战争期间，拥有大量先进电子装备的美军，在使用高技术装备实施新战法的同时，仍然使用干扰丝，遮断伊军防空武器的雷达跟踪，有效地掩护了飞机机群的突防。伊军在技术装备落后的情况下，利用美空中识别目标能力有限的弱点，大量设置假目标，分散美空袭火力，并在假目标旁放置热辐射源等，取得了一定的成效。

电子战武器装备最新成果

未来的战争，主要是信息战争。信息战争的主角——电子战武器装备不断更新换代，未来战场上将出现越来越多的新式电子战武器装备。由于激光电子技术的发展，几乎所有的指挥控制以及警戒监视、通信、飞机和舰船的导航系统等，都需要依赖电子技术和无线电波才能进行工作。电子战战场也将在地面、海上、空中、水下和空间激烈展开，并极大地刺激电子技术和战术的发展，使电子战武器装备发展到更高的层次。

隐身技术与反隐身技术

隐身技术是电子战的产物，又称目标特征控制技术，是为防止武器和平台被探测设备发现所采取的综合措施。隐身技术综合了材料学、电子学、光学、声学、气动力学等多学科知识，通过采用吸波材料、隐身外形设计、冷却、消声等技术，以降低飞机、导弹、舰船、战车等武器系统被探测的概率。当前隐身技术的应用已有了突破性进展，F-117A隐身战斗机、B-2隐身轰炸机已投入使用，预计未来服役的新一代轰炸机、战斗机、预

具有隐身技术的飞机

警机、巡航导弹、舰船、战车大多将具有隐身能力。

隐身技术的发展和应用，给雷达的探测带来了新的威胁和挑战。目前国外发展的反隐身技术主要还是在雷达技术方面，如发展米波和毫米波雷达、双基地雷达、超视距雷达、激光雷达、谐波雷达、机载预警雷达、被动雷达和光电探测系统等，同时提高雷达的威力，采用先进的信号处理方法，改善信噪比。

此外，还将大力发展能摧毁隐身飞行器的导弹和电磁微波武器。随着反隐身技术的提高，隐身技术也将不断发展，如采用高性能的新型吸波材料，采用"探测—记忆"雷达和低截获率雷达等。用于电子战的隐身与反隐身技术的发展将是未来具有战略意义的技术领域。

反辐射导弹

反辐射导弹是当前及今后一段时间内电子战的主要"硬杀伤"手段。未来反辐射导弹的发展方向主要是：采用新微波技术和数字信号处理技术，扩大频率覆盖范围，提高导引头对信号的贮存、分析、识别和记忆能力，增强在复杂电磁信号环境中攻击目标的能力；提高反应速度、飞行速度，

未来的电子战

未来战争必备武器——反辐射导弹

延长留空时间，研制可以自动搜索、跟踪目标的小型巡航式反辐射导弹，给敌方以持续的威胁。目前美国正在研究论证 AN/APR-38 雷达寻的，以及警戒系统后继型号 AN/APR-47，可为反辐射"硬摧毁"实时提供更精确的目标方位。

电子战飞机

电子战飞机具有高度的灵活性，可担负随队支援和远程支援干扰任务。因此，在未来作战中的地位和作用将会更加突出。美国对 EA-6B 电子战飞机的改进计划代表了电子战飞机的发展趋势，美军正着手用这种飞机替换 EF-111A 电子战飞机，作为其电子战主战飞机。目前，EA-6B 的雷达对抗能力与 EF-111 相当，并具备通信干扰能力和发射高速反辐射导弹的能力；EA-6B"徘徊者"电子战飞机能从航母起降，具有较大的作战灵活性。美军正在扩展其雷达干扰频段，改进通信干扰能力，并加装 AN/USQ-113 通信干扰机，增加波段 1、波段 2 低端和波段 9 高端发射机；空军使用的 EA-6B 还将增加波段 10 发射机。EA-6B 将具有实时精密瞄准能力，并首次具有实时威胁处理能力。干扰系统的接收机和处理器的改进使其能够更精确地对敌防空系统进行测距，并向其他飞机提供目标信息。

另外，以往美军使用"哈姆"高速反辐射导弹攻击敌方雷达后，敌军很快就会替换雷达。经过改进的EA-6B将可利用精密攻击武器，如联合直接攻击弹药或远距离导弹执行压制敌防空任务，这些武器不仅可摧毁雷达，而且可摧毁与之相连的指挥和控制设施，使敌人防空系统的重建工作更加

电子战飞机在未来战争作用更突出

困难。EA-6B在导弹攻击目标的同时，可根据该目标是否还在工作判断目标损坏的情况，并可将目标的坐标数据传给E-8飞机，利用该飞机摄取的目标区图像证实目标是否被破坏。在干扰方面，EA-6B还将具有"选择反应式"干扰能力，即飞机可将干扰聚焦在敌方系统上实施干扰。目前的EA-6B可在敌方系统工作的所有频段上实施大范围覆盖式干扰，但对某些频率上工作的敌方系统的干扰效率会降低。新的接收机可使EA-6B极准确地确定敌方雷达工作的频率，并发出相应的非常强大有效的信号干扰。这种精密干扰能力可使EA-6B同时处理更多的威胁。改进的EA-6B电子战飞机已于2004年具有初始作战能力。

遥控飞行器或无人驾驶电子战飞机

遥控飞行器具有机动灵活、体积小、不易被发现、造价低且不需要付出生命代价等优点。由于具备这些优长，它可以深入敌方纵深执行电子侦察任务，既能侦察到一些发射功率不大的敌方辐射源信号，又能诱使敌方重要的电子设备开机，从而侦察到一些平时很难发现的敌方辐射源信号。此外，遥控飞行器还可以在距离敌方雷达较近的地区施放干扰，或为有人驾驶的飞行器提供电子干扰掩护，因此能以较小的干扰功率取得较强的干扰效果。因此，发达国家都在大力进行研制和改进。预计未来遥控飞行器

◆◆◆ 未来的电子战

未来的无人驾驶电子战飞机

将会有较大的发展，某些甚至会具有一定隐身性能。

投掷式干扰机

投掷式干扰机是近些年发展起来的一种电子对抗设备，通过飞机（无人飞机）或火炮等工具投放到目标上空，用来对敌方电磁环境进行监视、控制和电子干扰，具有实时截获、信息传递及时准确、干扰时间长、不易被发现等优点。因此，越来越受到人们的重视。

计算机病毒

计算机病毒具有种类多、繁殖感染力强、传播快、危害大等特点，因此特别受到电子战专家的广泛重视，已成为电子战研究的新"热点"。各国都在努力探寻计算机病毒的"放毒"途径和"解毒"、"防毒"办法。目前，计算机病毒对抗还处于研究、发展、完善阶段，但是可以预计，计算机病毒的出现将推动电子战向更新、更宽的领域发展。对抗计算机病毒的基本方法有：建立自己的集成电路生产工业，实现计算机的完全国产化；改造引进的计算机系统，建立安全入口；研究病毒检测方法，提高抗病毒

投掷式干扰机地位越来越重要

能力；加固电子信息系统等。

一些新型、特殊的电子战技术装备

主要包括目前正在积极研制和探索的一些"新概念"武器装备。如用于反卫星的激光武器、高能粒子束武器以及流星余迹通信、中微子通信等等。如中微子通信，是一种采用中微子束来代替电磁波传递信息的无线通信方式。中微子是质子或中子发生衰变时的产物，其体积比电子的质量还要小近年10个数量级，因此在传播过程中几乎不发生反射、折射和散射现象，几乎不产生传输衰减。据计算，中微子束穿越地球时其能量仅衰减一百亿分之一。这种奇特而且相对稳定的粒子克服了普通电磁波不能钻地、入海的缺陷，可直接穿透地层、进入深海进行直线传输，并且不容易受到侦察和干扰，保密性很强，具有广阔的发展前景。

美国华盛顿海军研究所于1978首次成功地进行了以中微子为信息载体的通信试验，距离为6.4千米。后来又进行了长达2700公里的地下通信试验。1986年，又与前苏联合作，进行了中微子穿透地球的试验，获得了许多宝贵的数据。可以预见，随着高技术研究的不断深入，以中微子通信为代表这类"新概念"电子战装备会越来越多，并将更广泛地应用于实战。

21世纪电子战装备将进一步向系统化、系列化、侦察、干扰一体化及标准化、模块化方向发展，四维战场空间制电磁频谱权的争夺，将会空前激烈。正如军事专家所断言的那样：未来战争的获胜者将永远属于"最善于控制和运用电磁频谱和拥有最新式电子战兵器的一方"。

高能粒子束武器研制中

未来电子战的"小精灵"——纳米武器

这是未来的一场战争。

猛然一看作战双方的飞机、坦克、大炮在战场上频繁调动和部署，一副剑拔弩张的样子，与传统的战争并没有什么不同。只有细心的人才能发觉天空中好像多了许多苍蝇、黄蜂等小昆虫，地面上也出现了成群结队的蚂蚁在活动，些"小动物"，有的在战争上空盘旋，有的则直接进入了敌方的指挥机关、雷达站、弹药库等要害部位，但没有谁去注意。突然一声巨响，弹药库爆炸了，还没有弄清这是怎么一回事的人们这时才发现指挥通信系统也已遭到破坏，飞机、坦克和大炮由于得不到指挥和弹药、能源的补给，还未来得及运用，战争就失败了。而制服那些庞然大物秘密武器，原来竟是这些不起眼的"小精灵"——利用纳米技术做制造的"纳米武器"。

纳米是一个长度单位，一纳米十的负九次方米（即十亿分之一米）。纳米技术是在0.1~100纳米的尺度空间内研究电子、原子、分子的内在运行规律和特生的崭新技术。它的涵盖面十分广泛，包括纳米电子技术、纳米材料技术、纳米机械制造技术、纳米显微技术及纳米物理学和纳米生物学等不同学科和领域。

纳米技术是世纪之交异军突起的新兴技术，它的出现，标志着人类在改造自然方面进入了一个新的层次，即从微米层次深入到原子、分子级的纳米层次，使人类最终能够按照自己的意愿操

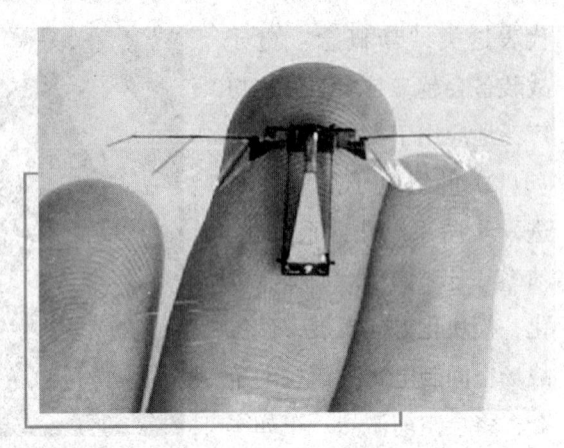

电子战的"小精灵"——纳米武器

纵单个原子和分子，以实现对微观世界的有效控制。专家们认为：正像产业革命、抗菌素、核能和微电子技术的出现和应用所产生的巨大影响一样，纳米技术将创造人们想象不到的推动新世纪前进的奇迹，成为21世纪信息时代的核心技术。因而纳米技术一出现，许多国家将其列为"关键技术"范围，投入巨资进行研究开发。纳米技术的研究与开发时间虽然很短，但已取得了令人瞩目的成果，向世人展示了其诱人的发展前景。日本NEC公司基础研究所利用纳米技术已经制成了新型量子器件——量子点阵列，突破了微电子技术的极限。美国已研制成功可由激光驱动，宽度只有4纳米的并具有开关特性的复杂分子。

这将为研制激光计算机提供技术基础。1993年，日本日立公司宣布，该公司与英国剑桥大学利用纳米技术，研制成功存储达16吉拉的"单分子存储器"。将来分子电路和分子电脑一旦研制成功并实用化，就可以研制体积更小、功能更强的计算机。美国研制的纳米隐身技术"超黑粉"，对雷达波的吸收率达100%，这必将促进隐身技术的新发展。在纳米制造技术方面取得的进展也同样令人振奋，科学家们用微型齿轮和发动机等组成一个蚂蚁大小的人造昆虫或微型机器人已不是什么梦想。在日本，丰田公司组装了一辆米粒大小运转自如的汽车；德国科学家制成了一架直升机，它只有黄蜂大小却能升空飞行；美国研制的微型发动机小得惊人，5立方厘米的空

间里能装下 1000 台,利用这种微型发动机制造的机器人"医生"可进入人体直肠……这一系列成果向人们显示,纳米技术的发展不但会开创一个科学技术新时代,还将会对社会各领域引发重大变革。有人甚至断言,人类迎来的 21 世纪将是"纳米时代"。

各具特色的纳米武器

虽然目前纳米技术尚不成熟,但由于其具有的明显的军事潜力,因此极大地刺激着人们寻求纳米技术在军事上的应用。

世界各主要军事大国相继制定了名目繁多的军用纳米技术开发计划。美国开发纳米技术的经费中有一半左右来自国防部系统;日本也认识到纳米技术在军事等方面应用的长远潜力,建成了第一个分子装配器;欧洲有

袖珍型的纳米武器

关纳米技术的一项军事研究计划已在法国一个实验室开始起步……目前,纳米技术的军事应用主要集中在纳米信息系统和纳米攻击系统两大类上。

那么,什么是纳米信息系统呢?

纳米信息系统是指以纳米技术为核心的信息传输、存会、处理和传感系统。

目前研制的主要有:

微型间谍飞行器。该飞行器只有 15 厘米多长,能持续飞行 1 小时以上,它既可在建筑物中飞行,也可附在建筑物或设备上进行侦察,收集情报信息,它将成为对敌封闭设施进行侦察和军事对抗的理想工具。

袖珍遥控飞机。它是一种不足扑克牌大小的遥控飞行装置,机上装有感应器,可闻出汽油机排出的废气,可在夜间拍摄红照片,把最新情报传回数百千米外的基地,或把敌军坐标传回导弹发射阵地。

无声的战场：电子战 ◆◆◆

"间谍草"。它实际上是一种分布式战场微型传感网络，外形看似小草，装有敏感的电子侦察眼、照相机和感应器、它具有人的"视力"，可探测出坦克等装甲车辆行进时产生的震动和声音，再将情报传回指挥部。

高性能的敌我识别器。将用微机电系统制作的微型敌我识别器散布于整个飞机蒙皮上或车辆的外表面，能够比较低的功率自动对询顺信号作出回答，识别敌我。

有毒化学战剂报警传感器。在特定的微机电系统上加块计算机芯片（售价20美元），就可以构成袖珍式质谱仪，用来在化学战环境中检测气体。而目前使用的质谱仪，每台的售价为1700美元，重68千克以上。

纳米卫星。它是微机电系统与微电子相结合的专用集成微型航天仪器系统。"纳米卫星"实质上是一种分布式的卫星结构体系，或布设成局部星团，或布设成分布式星座。这种分布式体系与集中式体系相比，可避免单个航天器失灵后带来的危害，提高航天系统的生存力和灵活性。

这些神奇的武器都是有纳米攻击系统来完成的，那么什么是纳米攻击系统呢？

纳米攻击系统是指运用纳米技术制造的微型智能攻击武器，主要有：

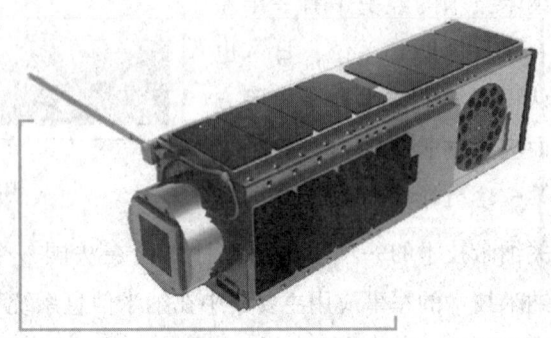

神秘的纳米卫星

微机器人电子失能系统。它由传感系统、处理和自主导航系统、杀伤装置、通信系统和电源系统等5个分系统组成，当微机器人电子失能系统接近目标时，能"感觉"敌方电子系统的位置，并进而渗入系统实施攻击，使之丧失功能。

昆虫平台。它是用昆虫作为微机器人电子失能系统的载体，将微机器人电子失能系统领先植入昆虫的神经系统，既可操纵它们飞向敌方目标搜索情报，也可以利用它们使目标丧失功能或杀伤士兵。

"蚂蚁雄兵"。也称"机械蚂蚁"，只有蚂蚁大小，却具有可怕的破坏能力。它的背中装有一个太阳能微电池作动力，可神不知鬼不觉地潜入敌军司令部，或搜集情报，或用约炸毁电脑网络和通信线路。

"机器虫"。它实际上是一种战地机器人。它有大有小，大的像鞋盒一样大，小的像一枚硬币那样小。它们会爬行、跳跃或飞行，既可以干排除地雷等危险工作，也可到千里之外去搜集信息。

纳米武器的特点

美国兰德公司和国防研究所在对未来技术进行充分的研究后认为，纳米技术将是"未来驱动军事作战领域革命"的关键技术。与传统武器相比，纳米武器具有许多不同的特点：

武器装备系统超微型化

纳米技术使武器的体积、重量大大减小。用量子器件取代大规模的集成电路，可使武器控制系统的重量和功耗成千分之一地减小。纳米技术可以把现代作战飞机上的全部电子系统集成在一块芯片上，也能使目前需车载机载的电子战系统缩小至可由单兵携带，从而大大提高电子战的覆盖面。用纳米技术制造的微型武器，其体积只有昆虫般大小，却能像士兵一样遂行各种军事任务。由于这些微型武器隐蔽性好，它们可以潜伏在敌方关键设备中长达几十年之久。平时相安无事，战时则可群起而攻之，令人防不胜防。

高度智能化

量子器件的工作速度比半导体器件快1000倍，因此，用量子器件取代半导体器件，可以大大提高武器装备控制系统中的信息传输、存储和处理能力。采用纳米技术，可使现有雷达在体积缩小数千分之一的同时，其信息获取能力提高数百倍；能够所超高分辨力的合成孔径雷达安放在卫星上，进行高精度对地侦察……纳米技术还可以使武器表面变得更"灵巧"。利用可调动成特性的纳米材料作武器的蒙皮，可以察觉细微的外界"刺激"。用纳米材料制造潜艇的蒙皮，可以灵敏地"感觉"水流、水温、水压等极细微的变化，并及时反馈给中央计算机，最在限度地降低噪声、节约能源；能根据水波的变化提前"察觉"来袭的敌方鱼雷，使潜艇及时做规避机动。用纳为材料做军用机器人的"皮肤"，可以使之具有比真人的皮肤还要灵敏的"触感"，从而能更有效地完成军事任务。

以神经系统为主要打击目标

与传统的武器不同，纳米武器以打击敌方的神经系统为主要打击目标，这是现代战争的特点和纳米武器的优势所决定的。信息技术的发展使战争形态发生了根本的变化，一方面，打击手段不断智能化精确化，另一方面，打击目标也从传统的工业生产设施转向信息系统。纳米武器由于具有超微型和智能化的明显优势，打击敌方的神经系统必然是纳米武器的首选目标，通过纳米武器所焕发出来的巨大战争威力而使敌方宏观作战体系"突然瘫痪"，以致不得不屈服于微型武器所造成的战争压力。

便于大量使用

用纳米技术制造的微型武器系统，一般来说，几乎没有肉眼看得见的硬件单元的连接，省去了大量线路板和接头，因此与其他的小型武器相比，其成本将低得多，而运用也十分方便。

用一架无人驾驶飞机就可以将数以万计的微机电系统探测器空投到敌军可能部署的地域或散布在天空中，十分容易地掌握敌人动向。而利用纳米技术产出的纳米卫星重量小于 0.1 千克，一枚"飞马座"级的运载火箭一次即可发射数百颗乃至数千颗卫星，覆盖全球，完成侦察和信息转发任务。正因如此，美国战略研究所的一位科学家说："道理简单，如果美国 10 艘航空母舰毁了四五艘，可能会重创美国军力。如果以这笔钱来发展袖珍武器，那么我们可以以量取胜，毁了 100 艘袖珍舰艇或飞机，也无关痛痒。"

许多未来学家和战略家认为：纳米技术在军事上的应用，将改变未来战争的面貌，并引发起一场真正意义的军事革命。美国五角大楼的专家们预计，美军 5 年内将有第一批"微型军"服役，10 年内可望大规模部署。

可以想像，当这些"微型军"开始广泛应用于战争中时，那些称雄一时令人生畏的重装备武器系统很可能或被"微型军"所取代，或败在它们的手下。这样，在下个世纪的战场上，就会出现一种"小鱼吃大鱼"、"小妖擒巨魔"的奇异景观。

这样看来，神奇的纳米武器在未来的电子战争中，一定会在众多武器家族中脱颖而出，可能起到关键的作用，信息化来临的如今，纳米武器也在向我们展示着它无穷的"魅力"和威力！

空天防御体系面临新挑战

近期以来，外军新近研究表明，伴随着远程大纵深精确打击高科技武器装备的空前发展，使得国家安全战略防御体系面临新的挑战。航天大国曾有人预言："谁控制了空间，谁就控制了地球。"因此，空天优势作为现代高技术条件下赢得战争的战略制高点，已愈来愈引起世界许多国家的高度关注和重视，尤其各军事强国正纷纷行动起来，着力加强全方位、多层

空天防御体系

次的新型空天防御体系建设。

"单向透明"程度空前提高

知己知彼，百战不殆，一直被兵家奉为指导战争的金科玉律。从海湾战争到伊拉克战争表明，自陆到空到天的信息化战场，遍布了各式各样的信息传感器，而其中信息获取对战争进程与结局至关重要。尤其交战一方如拥有"信息优势"，往往可能很快会赢得一场战争。

对于空天防御大系统而言，夺取信息优势是保证己方不间断地收集、处理和分发大量信息，并把正确信息以正确的方式、正确的时间和地点、正确地提供给决策的人，同时要削弱和剥夺敌方的这种优势。目前，军事强国的大量新型空天传感器纷纷登台亮相，使战场"单向透明"程度空前提高。

侦察监视全维展开

侦察监视的全维化，使探测范围由空中延伸到太空，因而能够居高临下地对地面甚至低空、超低空目标进行严密监视；通信、侦察、导航、气象等军用卫星能够进行全天时、全天候、全方位侦察监视，且不受领空限制。其行动范围大，速度快，目标分辨率高，通常多种军事部署和兵力调动都可以被清楚地观测到。所以，卫星载体成为当今空天防御体系中重要的作战对象。

全天时的侦察监视能够克服夜晚和不良气候的影响，红外、微波、微光成像等技术可以克服雨、雪、云、雾和黑夜等自然屏障，达到全天候、全时辰侦察。据悉，海湾战争中，美军战机利用夜间沙漠地形中坦克和沙堆间的散热差异，抓住了伊军潜藏在沙堆掩体中的坦克目标，并逐一将其摧毁。而信息分析是侦察监视的延伸，可以区分目标真假属性，实现高精度侦察监视。

电子对抗威力倍增

电子对抗使战争在三维空间基础上又增加了电磁频谱空间，是战争双方利用电子设备进行的电磁斗争。通过激烈交锋达到干扰、削弱、压制、摧毁敌方的电磁辐射能，同时保证己方电子设备效能的充分发挥。电子对抗无形无声，紧张激烈，一旦一方电子设备被干扰失效，其整体防空防天武器系统便会立即处于瘫痪状态，同时会使敌方电子制导武器威力倍增。

侦察监视全维化的展开

电子进攻通过电子干扰、电子摧毁等手段可对战场信息载体实施干扰、压制、破坏、摧毁；实施连续、高强度的压制性干扰和电子摧毁，可导致敌雷达迷茫、通信中断、指挥失灵；反辐射导弹可以循敌雷达发射波飞行，直接摧毁敌方雷达，达

电子对抗在未来威力剧增

到"挖眼"的目的。

电子防御通过欺骗佯动和隐身伪装等方法，可以提高己方电磁系统的生存能力。实战中大量运用隐真示假、战术诱饵等手段，可达到"迷眼"的目的；电子欺骗还可使对方按照己方命令行事，其破坏力不亚于电子进攻。

电子战支援通过电子侦察等手段可为信息攻击和火力突击提供作战情报。经过分析、识别和定位，便可掌握对方电子设备的技术参数、威胁程度和部署情况，进而为实施火力攻击提供准确的数据。

而今信息化条件下的电子战，电子环境更加复杂，电磁辐射源种类、数量、技术、频段空前增多，指挥水平和智能对抗程度明显提高，作战反应时间越来越短，因而提高电子对抗水平成为空天防御体系重要一环。

远程打击精确高效

百步穿杨、弹无虚发是兵家自古至今追求的一种效能境界。而今，暴力的使用受到极大限制，所以，信息化条件下的战争往往以最小物理伤害，实现在物质和精神上的最大征服，为满足这种要求，精确制导武器应运而生。

精确打击武器依靠信息优势和超强的电子对抗能力为打击精确化提供了有效的手段。它利用自身精度高、射程远、杀伤威力大、反应灵敏等优势，可以在任一时间和地点发动闪电攻击。由于其火力运用的可控性，可使作战效能空前提高，从而更加快速地达成战争目的。

据悉，伊拉克战争中，"战斧"巡航导弹的打击精度比海湾战争时提高了1倍。联合直接攻击弹药采用GPS制导后，精度大大提高，部分战术导弹打击精度甚至从10米提高到1米左右，因而可以实现"点穴式"打击。

作战力量协同可控

如今的远程空天打击，已经可以实现目标控制精确化、火力控制精确化和打击强度精确化的高效协同。精确化的目标控制可以实现对敌方重心

远程打击在未来战争更高效、更精确

和要害的打击；精确化的火力控制可以实现各种精确远程打击弹药的合理使用，达到巡航导弹、空地导弹、地地导弹、联合直接攻击弹药、防区外打击武器的最佳搭配，使作战力量的运用实现高效协同；精确化的打击强度控制可以根据战争目的和要求实现打击的规模和程度精确可控。

所以，面对信息化条件下的高技术战争，如何应对挑战，已成为全面提高空天防御体系实战效能不容回避的综合性课题。而唯有全力提高信息感知、电子对抗等整体能力，同时加速构建起完善的预警系统，实现远程先敌监测、早期预警、中期目标跟踪和终端的有效防御，才能够筑牢空天防御之盾。

太空电子对抗谁主沉浮

太空反卫星战

太空作战的主要样式有太空信息战、太空反卫星战、太空激光战、太空电子战、太空反导弹战和太空电脑战等。太空反卫星战是对太空中各种卫星进行的攻击破坏和反攻击破坏的作战，它是夺取制天权最有效的作战样式。

其主要手段有三种：一是反卫星导弹攻击，即运用航天飞机、作战飞机和火箭发射反卫星导弹，将卫星击毁；二是布设"太空雷"，即将"太空雷"预先布设在敌方卫星的运行轨道上，使敌方的卫星触"雷"而被摧毁；三是定向能武器攻击，也就是使用激光、粒子束和微波等定向能武器对敌

太空反卫星战示意图

方的卫星实施攻击。

"如果低轨道监测卫星被击落，我们的眼睛就会被打瞎。"美国全球战略专家约翰·帕克以此来形容，卫星可以说是美国军事霸权的命根子。

在海湾战争中，美国航天司令部统一指挥了约70颗卫星，支援陆、海、空作战，对多国部队迅速赢得胜利发挥了至关重要的作用，海湾战争因此被誉为"第一次空间战争"。美国基于卫星的高科技作战方式，也被认为开启了新的战争时代。

但有矛必有盾。通常的飞机、大炮等常规武器对卫星无可奈何，各种反卫星武器就应运而生：美国以此想独霸太空；而其他国家则视之为制约霸权的手段。本书策划一个各国"天军"专题，揭示各国反卫星武器的发展现状，以飨读者。

美国：陆、海、空、天都能打卫星

"政府正在谋划的三种导弹防御系统均有反卫星能力。这三种导弹防御系统分别是陆基中程导弹防御系统、舰基'宙斯盾'战区导弹防御系统、机载激光反导弹系统。"全球安全项目物理学家劳拉·格雷戈和戴维·怀特提及的上述美国导弹防御系统现在都已陆续部署到位。

陆基中程导弹防御系统：美国计划部署20个陆基导弹拦截器，已经部署到位的10个陆基拦截器由三级火箭推进器和"击杀装置"组成。拦截器以每秒7~8千米的时速发射升空，可升至6000千米高空，轻松应对低轨道运行的各国卫星。

舰基"宙斯盾"：已经部署到日本海的美国舰基"宙斯盾"战区导弹防御系统，有效拦截距离为1000~2000千米，能轻松击中在距离地球表面400~500千米轨道运行的卫星。在此轨道运行卫星多半是军事通讯、成像、侦察等小型卫星。

机载激光系统：由一架改装的波音-747携强力激光和激光瞄准仪组成，能在10~20秒之内摧毁来袭导弹。五角大楼承认它也能摧毁卫星，特别是摧毁低轨道卫星。

天基导弹防御系统：原理是将导弹装在部分"杀手卫星"上，伺机对敌方的卫星发动太空攻击。不过，该计划正在考虑之中。

美国已经开始在本土、欧洲和亚太加紧部署上述的反导弹、反卫星系统，可以说，美国用导弹打卫星的能力与条件已经完全成熟。

日本：偷偷研究怎么打卫星

如今的日本正在悄悄研发一种具有现实作战能力的反卫星和反弹道导弹防御系统。负责撰写日本未来战争性质的战略专家认为，战略防御应多考虑日本的邻国未来的能力。

日本战略防御计划进展如下：

激光武器：日本在激光武器项目上的投入比任何一个国家都来得大，超过4000名科学家、工程师和6家科研机构与试验场都投入这一项目的研发。日本的地基激光防御系统将在2010年后部署。如果技术被证明可行的话，那么，日本还打算部署天基激光防御武器。这些系统都可以用于打击对方的卫星。

高能微波武器：从2000年起，日本就在悄然进行高能微波打击敌方卫星的试验。这种武器的原理就是向敌导弹或者卫星发射高能微波

"高甘"反导拦截器

信号，从而摧毁其重要的电子零部件，导致导弹或者卫星失灵。

实战反卫星系统：日本的考虑是，向敌方的卫星轨道发射一枚导弹改装的杀手拦截器。当距离足够的时候，它就会向对方的卫星发射出常规弹头，从而将卫星摧毁。

据报道，在反卫星问题上，日本自卫队先后于2003年和2004年举行模

拟演练。在此基础上，美日双方还悄悄地进行打卫星的战区导弹防御系统的联合研发。

俄罗斯：击落过多颗人造卫星

前苏军和现在的俄军有四种打击卫星能力。

共轨杀手：苏联时代的共轨卫星杀手基于"旋风" –2 推进器，于1968年6月~1976年期间先后进行了7次试验，5次成功，能应对的卫星是230~1000千米的低轨卫星。1976~1982年，苏军又进行了13次的打卫星试验，其中除了首次失败外，其他均告成功。此时，苏军已经能摧毁1600千米高空的卫星了。

"高甘"反导拦截器：这种反卫星能力射程高度有限，能摧毁从莫斯科上空飞过的极低轨卫星（飞行高度为数百千米）。低空使用核弹头打卫星危险极大，因此这种试验从未进行过。

无线电子战：可以应对所有轨道行动的卫星。

机载反卫星能力：这种技术也只能用于攻击低轨卫星。但它可在没有任何预警的情况下突然实施攻击。

太空军事化引发国际社会担心

2006年，是美国太空政策发生重大转变的一年。一方面，白宫拒绝对太空禁武作出承诺；另一方面，五角大楼（美国国防部）则拨出巨款用于太空武器研发。国际社会普遍担心，美国加紧武装太空的这一系列举动将挑起新的太空军备竞赛，威胁世界安全，并严重污染近地空间。

俄罗斯国防部长伊万诺夫表示："俄罗斯绝对不赞成在太空中部署任何武器。"中国的裁军大使也明确表示，一个没有太空武器的世界，其重要性并不亚于一个没有大规模杀伤性武器的世界。各国有权利也有义务确保外空的和平利用，防止外空武器化和军备竞赛。

一些军事专家认为，一旦太空武器被应用，后果将是灾难性的。那些被击毁的卫星残骸碎片将成为永久的太空垃圾，威胁到各类卫星、航天器以及国际空间站的安全。

美军加紧武装太空，很可能引发新一轮的太空军备竞赛。俄罗斯在极力反对的同时，也在加紧研制自己的太空军备，并声称做好了太空战准备。印度国防部则透露，印度已在研发天战武器领域里取得重大进展，并将在五年内拥有用于太空作战的激光武器。

电磁对抗与数据对抗

电子战趋势是电磁对抗和数据对抗互相协作。如今进行电子对抗就像使用一台笔记本电脑一样简单。理查德·B·加斯帕认为，赢得一场信息战争依靠的是技巧而不单单是钱。自从20世纪90年代互联网商业化运作以来，普通电子对抗如雨后春笋般迅速发展，目前显露出几大分类。除了传统的电子对抗，还包括计算机对抗、网络对抗，甚至包括带有国家印记的信息战。

电子战趋势是电磁对抗和数据对抗互相协作

阴和阳

在电子学著作中，信息战包括两个主要的分支——电磁对抗（RW）和数据对抗（DW）——正如阴阳两极。

传统的电子对抗从本质上来说属于电磁对抗。这里指的是，依靠电磁辐射（如无线电波）来干扰敌方通过接收器接收的信息质量，或直接给这些接收器造成物理损害。后者可以通过能量脉冲造成——类似于闪电击坏不接地线的烤面包机——也可通过诸如军用电磁探测器提供的标准能量那样大小的能量输出造成。

从语义来看，"信息战"更应该被称之为"数据对抗"。这些数据包括有价值的情报，也包括假情报。除去这些理论上的特性，数据对抗从本质上还包括控制对手处理、分析和决策的基础，让这些事情按你而不是对手的意愿行事。通常数据对抗可以通过众所周知的技术（如用蠕虫病毒来感染计算机）实施，也可以用比较高级的技术（如用特殊设备发射带有假情报的无线电数据流）实施。

用一个通俗的比喻来解释电磁对抗和数据对抗的区别，那就是电磁对抗的目标是感官，而数据对抗的目标则是大脑。

电磁对抗靠电磁方式或机械方式造成直接的物理损坏，而数据对抗避免直接的物理损坏，打个比方，就是对意识和（或）心理造成不利的改变。电磁对抗总是依靠某些物理手段造成功能上的损伤，但是数据对抗通常不是造成物理损伤，而是采用为我所用的方式。如果由于收受器和发送器被破坏造成数据中断，那么数据对抗也将不起作用。

与之截然相反，电磁对抗对俘房对手的装备毫无兴趣，而数据对抗则立足于劫持大脑而不是去摧毁它。电磁对抗和数据对抗是一对矛盾的统一体，它们各自相对独立，又可以高度协同，最典型的例子就是2007年以色列对叙利亚的空袭。敌方一套完整的C3I系统很难——起码到现在——被完全俘房或破坏，但其中单个的分系统无论哪一个都很容易受到攻击。

作为一个原则，从电磁对抗转向数据对抗可以更有效地渗透敌方境内的信息化目标。劫持可以渗透的，摧毁不能渗透的，一个充满技巧的行动可以对敌人正在做或正在想的事情了如指掌。

典型的电磁对抗是用大量的资源堆出来的。与之相应的，不论是不是依靠电磁力，一般都会追求高功率输出和足量的发射源。随着时间的推移，电磁对抗的操作需要更多更好的设备，这些设备一般都价值不菲且引人注目。因此，有效的电磁对抗是一个充满矛盾的领域，完全依赖于充裕的军费开支。

同源殊途

然而，谨慎的做法依然是依靠电磁对抗——这也许仅仅是基于某种不可告人的目的。电磁对抗设备可以做的像核能电磁脉冲装置一样复杂，也可以做的像移动电话微波干扰器或者加速激光指示器那样简单。

同样，从电磁对抗衍生出来的某些数据对抗却只需要非常有限的资源。根据美国空军计算机中心负责人威廉·罗德少将的说法，"数据对抗的入场券就是去买一台笔记本电脑"，当然还有网络连接的成本。

数据对抗的资金门槛非常低，因为数据对抗的本质与其说是"对抗"，不如说是"间谍行为"更为贴切。各种欺骗手段——针对防病毒程序、网络防火墙、然后是 C3I 整合程序和最终的指挥人员——是数据对抗的的特点。由于整个执行过程基于各种欺骗手段，那么大量的物理资源就没有必要甚至起到反作用——因为这些设备实在是太大太引人注目了，特别是在被攻击目标的附近尤其刺眼。

当然，虽然基于不同的方式，但是要充分挖掘数据对抗的优势也像电磁对抗一样依赖设备。比如对"叉鱼式"攻击（译者注：一种钓鱼式攻击。使用专门为特定人群设计的电子邮件进行欺骗，通过安装键盘记录软件或者其他恶意软件，以期获得访问秘密信息的权限）的结果进行智能筛选——典型的案例就是 2007 年对美国国防顾问布兹·阿伦·汉密尔顿的渗透攻击。根据安全专家的评估，该起事件需要动用某个先进国家的国家资源才能够完成。相反，"垃圾插入式"攻击则需要充分的监视和侦察才能发布一条让对手捉摸不透的假情报——平庸的对手会忽略有明显错误的假情报，而精明的对手则可以从这些误导中归纳出精确的推论。

巨大的杠杆效应

虽然数据对抗的原始组成也许仅仅是一些电脑硬件和软件包，但是在真实的数据对抗中使用这些工具所需的技能要求非常高。

基于这方面的考虑，信息化培训的激增应该遵循IT世界的特殊发展规律——这种发展综合了高等数学和科技的发展。

信息化带来的好处远大于培训有限的数据对抗操作人员所带来的成本。事实上，普通的计算机武器比如"拒绝服务式"攻击就可能考虑到IT领域的巨大杠杆效应——此举成本微薄，但可以带来巨大的损失。

在所有的科技培训上，IT是最容易通过自学上手。IT是高度依赖经验的，不像工程和化学，要获得IT领域的经验不需要昂贵的实验室。

因此，数据对抗的关键不是大量受过培训的人，而是聪明的人。受过培训的人在这些人中应该占一定比例，但是具备认知天赋的人应该占有更大比例——至少在绝对数量上。这意味着，数据对抗培训中不只青睐那些大部分因循的普通人，更重视培养大量的聪明人——培养他们的组织性、纪律性以及团结协作的能力。不用说，这样的要求与西方传统习惯大相径庭。

最终，IT领域的恶意软件将会和硬件的发展轨迹类似：开始的时候既复杂又昂贵，但是在几年之后就变成简单而廉价的日用品。事实上，黑客程序和应用软件已经相当程度的商业化，这些都可以在互联网上兜售——就像毒品和不健康图片一样。

但一个令人困扰的结果就是一个小团体甚至个人就可以发动一场私人战争，而看起来却像司空见惯的信息窃贼或是其他的虚拟罪犯所为。

"电磁对抗和数据对抗是相互依存的矛盾统一体。"

早在1998年，一个流氓软件中名为"太阳初升"的一段代码被发现可以通过防火墙上的漏洞侵入美国军方电脑系统。

这个恶意软件的作者是来自加利福尼亚的两个十几岁的小伙子和一个以色列的合作者。但这些年轻人什么也没有做，仅仅只伪装了一下入侵点。

也许他们的入侵只是为了获得一些滑稽可笑的满足感,但这却给五角大楼敲响了警钟。

最近,一个英国人凭借自己一个人的力量就侵入五角大楼和美国太空总署的网络长达一年之久。不像前面所说的那些美国年轻人,这个成年人在被抓获之前删除了一些文件并摧毁了网络。正如美军新的征兵口号"全军如一",这恐怕并不仅仅是其字面上的含义,一个人就可以发动一场战争的时代就要来临了。

网电一体战

方兴未艾的科学技术不仅给人类生活带来了新的曙光和希望,而且也在军事斗争领域激起了新的波澜。电子战,这一集中体现现代高技术战争特点的作战形式,在经过了近百年的发展之后,也正以崭新的面貌呈现在世人面前。

电子战不断走向综合,拓展和升华为信息战,"网电一体化"成为未来高技术战争发展的必然趋势。

在科学技术日益发达、不断融合的信息化时代,以往传统的通信、雷达自成体系的对抗形式已经成为历史。高技术条件下的"电子战"不仅涉及通信、雷达、光电、隐身、导航、制导等系统,而且遍及从空间、空中、地面、水面和水下,覆盖了从米波、微波、毫米波、红外和紫外的所有电磁频谱,涉及各军兵种和各个作战领域。电子战已经由以往单一设备、单项领域的对抗,发展为系统对系统、体系对体系的综合较量。特别是随着电子计算机网络战的出现和成功运用,传统的电子战概念已无法涵盖所有高技术"软"杀伤手段,从而导致了信息战概念的提出和信息战理论的发展,形成了以网络战与电子战为核心和支柱的信息战,进而实现了电子战向信息战的过渡和升华。

"网电一体战",这一集中体现高技术战争本质特点和规律的作战方式,其演进和发展的历史轨迹在20世纪末的两场"电磁大风暴"中清晰可见,并在科索沃战争中得到了充分验证。

为夺取信息优势,北约首先夺取制电磁权,分别从高中低三个层次采取的综合电子战行动。在高层，50多颗卫星，全天候、全时域为地面和空中提供情报和数据；在中层，动用电子预警飞机、电子侦察飞机、电子对抗飞机、通信对抗直升机等，每次空袭前，对作战区域实施全方位的电子干扰和压制；在低层，北约在科索沃周边部署了地面电子侦察站，撒开了电子侦察网，从而对南联盟通信枢纽、预警系统的技术与战术了如指掌。在北约强大的电磁压制面前，南联盟在利用有限的条件进行电子对抗的同时，还另辟溪径，在全球发动了对北约的网络攻击，曾使美国白宫网站一整天无法工作，"尼米兹"号航空母舰的指挥控制系统被迫停止运行3个多小时，这使得占尽电磁优势的美国，在信息网络空间一度十分尴尬难堪，不得不采取各种应急措施。这也促使世界诸多军事强国进一步把制电磁权和制网络权一并作为竭力首先夺取的战略目标。

由此可见，在现代信息化战场上，单一武器、单一系统、单一领域的决胜作用已逐渐弱化，体系和领域之间的综合对抗能力成为制胜的关键，而在高技术条件下的体系综合对抗和较量之中，只有取得电磁领域和网络领域两个优势，才能掌握现代战争的主动权。在这种情况下，电子战与网络战的结合已成为战争规律自身的客观要求，"网电一体化"将成为未来高技术战争发展的必然趋势。

"网电一体"是未来高技术战争中一个十分突出的鲜明特点，它是指综合运用电子战和网络战手段，对敌电子目标和网络化信息系统进行的一体化攻击，其目的是夺取电磁空间和网络空间的制信息权。由于网络战和电子战双方具有互补作用，在未来战争中，网电一体战的地位将空前提高，成为起主导作用的信息作战样式。

掌握制信息权是夺取未来战争主动权的前提，网电一体战则是获取制信息权的主要手段。在20世纪初，当意大利人杜黑用他天才般的头脑提出制空权理论之时，飞机还处于刚刚起步的发展状态中。然而，第二次世界大战的实践充分证明，在机械化战争中，没有制空权的作战是不可想象的。

21世纪的信息化战争，制信息权与二战时的制空权一样，已经成为未来高技术战争的制高点。交战双方制信息权的争夺将在网络空间和电磁空间同时展开。只有综合使用电子战和网络战手段，对敌电子化和网络化的信息系统进行一体化的综合攻击，才能有效地削弱敌电磁空间和网络空间的信息优势，同时最大限度地保证己方对信息的获取和利用，从而夺取和保持制信息权。

为了夺取制信息权，美国在海湾战争中几乎动用了其所有高技术电子设备。战前已对伊拉克的军事部署和活动情况了如指掌，为空袭和地面作战提供了详细的依据。在作战中，多国部队运用各种电子战手段，完全摧毁破坏了伊军的信息获取、传输系统和部队指挥控制等系统，牢牢地掌握了制信息权，从而在作战中处处主动、占尽先机。相反，伊军则由于失去了制信息权，造成其最高指挥机构与战场上伊军部队的联系完全中断，部队接收不到指令，指挥机构也不知道部队所处的位置和态势；以至到停战谈判时，伊军指挥机构竟不清楚双方的停战线在哪里；更有甚者，参战的前线伊军部队竟然连双方已经停战的消息都无从知晓。

"网电一体战"的信息作战思想，适应了未来战场武器系统信息化、信息系统网络化的两大发展趋势。我们知道，战场信息流程主要由信息获取、信息传递、信息处理、信息利用等环节构成。信息获取和传递，主要依赖于电磁频谱；信息处理和利用，主要依赖于计算机网络。而电子战、网络战的运用，则能有效地破坏敌方整个信息系统及其信息流程。因此，战场信息战必须"网电一体"地对敌方战场信息网络实施攻击。只有实施"网电一体战"，才能达成夺取和保持制信息权的目的。

未来战争是一种打破时空、打破疆域的信息化战争，网电一体战成为信息作战的主要形式。未来战争，传统的时空观和战场观将被打破。战场空间将被立体分布、纵横交错的信息网络所笼罩，在有形和无形相结合的信息空间里，信息作战成了首要的作战形式。

1991年，美军最高战地指挥官施瓦茨科普夫到达海湾前线的第一件事，就是命令手下先把用于构建指挥网络的天线竖在屋顶上。信息作战和信息化战争已经不是仅仅停留在专家学者口中的名词和概念，而是成了活生生的现实。信息作战主要有作战保密、军事欺骗、心理战、电子战、计算机网络战、实体摧毁等六种形式，它们在本质上都是对信息和信息系统的削弱和破坏。其中，作战保密、军事欺骗、心理战自古以来一直运用于战争活动之中，但在现代战争中，只有与电子战、网络战相融合，它们才能显示活力、焕发青春。因而，信息作战的实施将主要依赖电子战和网络战的综合运用，网电一体战构成了信息作战的主要表现形式。

在现代高技术战争中，以网电一体战为核心内容的信息作战已经成为战争的先导并贯穿战争的全过程，是其他任何作战样式都离不开的一种作战形式。无论现代战争全局或局部主动权的获取与保持，无论传统的制空权、制海权的获取与保持，都离不开制信息权的获取与保持，都离不开网电一体战的支撑和保障。

电子战的发展、成熟孕育了信息战的产生。网络战的兴起加快了信息战理论的提出和形成，网电一体战构成了信息作战的主体。"网电一体战"是信息作战本质规律的客观反映，无论在平时还是战时，都应把二者作为整体进行筹划。可以预料，网战一体战这种重要的作战形式将在新世纪的战争中大放异彩，在声、光、电、磁、热领域，在电子战和网络战紧密结合的信息对抗中续写新的辉煌。